幸福女人

100道科学
月子餐新体验

孙晶丹 ◎主编

黑龙江科学技术出版社
HEILONGJIANG SCIENCE AND TECHNOLOGY PRESS

图书在版编目（CIP）数据

100 道科学月子餐新体验 / 孙晶丹主编. -- 哈尔滨 ：黑龙江科学技术出版社，2018.4

（幸福女人）

ISBN 978-7-5388-9580-3

Ⅰ．①1… Ⅱ．①孙… Ⅲ．①产妇－妇幼保健－食谱 Ⅳ．① TS972.164

中国版本图书馆 CIP 数据核字（2018）第 048580 号

100 道 科 学 月 子 餐 新 体 验

100 DAO KEXUE YUEZI CAN XIN TIYAN

作　　者	孙晶丹
项目总监	薛方闻
责任编辑	宋秋颖
策　　划	深圳市金版文化发展股份有限公司
封面设计	深圳市金版文化发展股份有限公司
出　　版	黑龙江科学技术出版社
	地址：哈尔滨市南岗区公安街 70-2 号　邮编：150007
	电话：（0451）53642106　传真：（0451）53642143
	网址：www.1kcbs.cn
发　　行	全国新华书店
印　　刷	深圳市雅佳图印刷有限公司
开　　本	723 mm×1020 mm　1/16
印　　张	13
字　　数	180 千字
版　　次	2018 年 4 月第 1 版
印　　次	2018 年 4 月第 1 次印刷
书　　号	ISBN 978-7-5388-9580-3
定　　价	39.80 元

序 言
PREFACE

怀孕生育可以说是一个女人一生中的一件值得期待又充满幸福感的事情，当得知自己体内有一个小生命开始孕育的那一刻，一种神圣而又复杂的感情会油然而生。在这里，我们首先恭喜你由准妈妈顺利晋级为新妈妈，即将见证和参与一个新生命慢慢长大成人的精彩过程。

怀胎十月，一朝分娩，这其中的辛苦与甜蜜，或许只有初为人母的你才能深切体会，但身体能量耗尽，体力不支，此刻摆在新妈妈面前的重要课题是如何坐好月子，抓住恢复健康、调理体质的黄金时期。

坐月子是一项流传了千百年的传统。产后的42天是月子期，是新妈妈恢复健康、调整体质的黄金时期。这个过程实际上是产妇的整个生殖系统恢复的一个过程。母体各个系统的功能能否恢复，取决于月子期的调养保健。若养护得当，则恢复较快，且无后患；若稍有不慎，则会影响产妇的身体健康。其中，进补是月子期调养的重要环节。很多看似营养的饮食，也许会无形中伤害身体。科学营养的月子餐，才能使新妈妈们又好又快地恢复元气、调理身体。那么，如何才能吃得健康、补得恰当，将身体尽快调理过来？产后新妈妈到底应该吃什么？

怎么补？各种产后不适怎么调？如果你还在为这些问题发愁，那么不妨来看看这本《100道科学月子餐新体验》吧！

本书以时间为序，以图文并茂的形式，为新妈妈们提供了较为全面的产后日常护理知识与饮食调养诀窍，包括月子期知识大讲堂、月子期饮食集中营、月子餐食谱大公开，其中将月子期科学合理地划分为六个阶段，根据新妈妈每个阶段不同的营养需求，提出不同的调养要点，最后还有针对产后不适与病症的食疗方，相应地推出100道科学合理的月子餐，精挑细选的菜品，选用常用食材，营养、滋补又易操作，是一本科学实用的月子期手边书。

此外，本书将众多新妈妈对于坐月子的疑虑和专家权威建议相结合，书中内容具有典型性和代表性，专家指导更具科学性。更有菜谱二维码相配，新妈妈可以免费观看菜品制作的全过程，体验更便捷生动的阅览模式。

尽管它不能替代专家医生提供的健康检查、治疗和护理，但它可为新妈妈提供科学的知识，提醒并解决很多坐月子过程中可能被忽略的问题，保证了新妈妈高品质的月子期生活，细心呵护妈妈和宝宝的健康。

最后，希望每一位阅读本书的产后新妈妈都能从中受益，让这本月子餐实用宝典，带给新妈妈全新的月子期体验，轻松享受坐月子的那段美好时光。

目录
CONTENTS

第二章　月子饮食小支招：
坐月子期间的营养攻略

月子期食谱大公开：
分阶段科学调养新体验

第四章　月子病调理锦囊：
助力新妈妈成功养成健康体质

目录

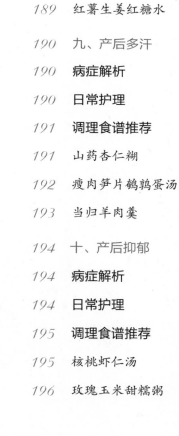

第一章

坐月子大讲堂：让新妈妈
健康又幸福的智慧

　　"一朝分娩"，让新妈妈"几分欢喜几分愁"。喜的是宝宝平安降生，愁的是如何坐好月子。怎样坐月子才能不落病根，真正达到产后调养的目的？本章将教给你科学坐月子的秘方，产后幸福，从坐月子开始！

一、坐月子，女性调理体质的黄金期

女性从怀孕到分娩，身体功能及体内诸多脏腑功能的平衡都被打破，身体会自动地不断寻求新的平衡点。月子期实际上是新妈妈的整个生殖系统恢复的一个过程。因此，新妈妈一定要重视坐月子，抓住这个恢复、调理身体的黄金期。

何为坐月子

"坐月子"的习俗在我国由来已久，最早可追溯至西汉《礼记》，当时称之"月内"，是产后必须的仪式性行为。即便是从现代医学的角度来看，坐月子仍然具有其重要性。胎儿、胎盘娩出以后，新妈妈机体和生殖器官复原一般需要6～8周，医学上将这段时间称为产褥期和产后期，民间俗称"坐月子"。

坐月子至关重要

产前孕妇担负着孕育胎儿的重任，母体的各个系统都会发生一系列的适应性变化，尤其是子宫变化最为明显。产后，母体器官有自我修复的过程，子宫、会阴、阴道的创口会愈合，子宫缩小，膈肌下降，心脏复原，被拉松弛的皮肤、关节、韧带会恢复正常。这些组织器官的形态、位置和功能产后能否复原，取决于新妈妈在坐月子时的调养保健。

此外，由于新妈妈生产时会消耗大量的体力，且会造成一些身体的损伤，这些都需要休养，好让新妈妈恢复体力，伤口得以复原，而产后坐月子正是让新妈妈得到充分休息的关键时期。

二、坐月子之前，新妈妈需要知道这些

明确了坐月子的重要性，在真正进入正题之前，新妈妈还有必要了解一下与之相关的知识。比如，坐月子需要准备些什么东西，坐月子的时间以多久为宜，新妈妈的身体在月子期内会有什么变化，等等。

做好准备工作

出院准备和入院准备一样重要。顺产的新妈妈一般需要住院3～5天，会阴侧切和剖宫产的新妈妈需要住院5～7天。出院前，新爸爸和新妈妈应该尽量把回家前的准备做好，需要咨询的内容要及时咨询医护人员。

◆详细咨询医护人员有关育儿方面的知识：如何抱宝宝、如何给宝宝洗澡、如何给宝宝穿衣服、如何护理脐带等。

◆提前准备好出院时新妈妈的衣物，尤其需要注意的是新妈妈的头部、颈部和足部的保暖。

◆包宝宝的被子也要提前准备好，以防宝宝着凉，最好选用纯棉面料的小被子。

◆准备好宝宝的其他用品：配方奶粉、专用奶瓶、内衣、外套、尿布、小毛巾、围嘴、爽身粉等。

◆新妈妈和宝宝出院前，需要经过医生检查，医生同意后方可出院。此时新妈妈可以就自己的身体情况及宝宝的身体情况咨询医生。

◆新爸爸一般要提前在家中准备好舒适、温暖的卧室和新生儿的小床。

做好以上这些充分的准备之后，新妈妈就可以在接下来的日子里轻轻松松坐月子了。

月子至少要"坐"42天

多数人认为坐月子时间为一个月，这是不正确的，医学上称坐月子为"产褥期"，是指胎儿出生、胎盘娩出到新妈妈身体及生殖器官复原的一段时间，需6~8周，42~56天，即为一般规定的产假日期。

产前，孕妇担负着孕育胎儿的重任，母体内各系统发生了一系列适应性的变化，尤以子宫最为明显，子宫肌细胞增生，到妊娠晚期子宫重量增加到非孕期的20倍，容量增加到1000倍以上。孕期会造成心脏负荷增大，血液流速加快，每分钟的心跳数增加10~15次，心脏的容量增加10%，才能供给胎儿及自身营养需求；造成肺脏通气量增加到40%，出现鼻、咽、气管黏膜充血水肿等症状；另外，肾脏增大、输尿管加粗、肌肉扩张力减弱、肠胃蠕动减缓，其他如内分泌、皮肤、骨骼、关节、韧带等都会产生变化。但这些变化在分娩后都会逐渐恢复正常，因此，新妈妈需要特别注意产褥期的休息与调养，以防留下产后疾病，也就是俗称的"月子病"。

坐月子时母体的变化

对于新妈妈来说，产后身体和心理上都会发生一定的变化，这是不可避免的。新妈妈对产后的生理变化有一定的认识，对科学合理地调理身体非常有利，也有助于其心理的调适。

✳ 子宫的变化

分娩后第一天子宫底降至与肚脐齐平，之后每天缩小1~2厘米，7天左右会降入骨盆腔与耻骨齐平，大约42天恢复正常大小，此过程称为"子宫复旧"，所以在产后42天应到妇产科报到，确认子宫的恢复状况。

✳ 子宫颈的变化

分娩时，子宫颈变得较为松软，且会充血、水肿，致使薄薄的子宫壁皱起如袖口，大约经过30天才会逐渐恢复正常大小；初分娩时因伤会导致子宫颈外口从原来的圆形变为横裂。

✳ 阴道的变化

产后阴道变松弛，周围皱褶减少，阴道内黏膜平坦，短时间内不容易恢复到妊娠前的状态，直到停止喂奶、月经来潮、卵巢功能恢复正常，在雌激素的作用下，阴道黏膜才会逐渐恢复正常。而在分娩时，由于胎儿挤压阴道外口，引起充血、水肿或不同程度的裂伤状况，在产后10天内会逐渐消失，而裂伤经缝合后，大约在7天后即可拆线。

✱ 乳房的变化

胎盘娩出后，经过24小时，乳房会开始分泌乳汁，此时就可以给婴儿正常哺乳。产后一周内所分泌的乳汁，称为初乳，呈黄色，较清稀，蛋白质含量较高，糖含量较低，具有缓泻作用，对新生儿而言营养价值很高；之后乳汁逐渐成熟，呈白色，含蛋白质、脂肪、糖、多种维生素及抗体。产后3～4天乳汁增加，这时新妈妈体温会升高，但基本上不会超过38℃，约24小时后便会自动降低，无须过于担心。

✱ 泌尿系统的变化

孕期，准妈妈的体内滞留了大量水分，所以月子初期尿量会明显增多。另外，孕期出现的输尿管显著扩张，一般在产后4～6周才会逐渐恢复，因而在此期间很容易发生尿道感染。临产时胎儿先露部位会对膀胱形成压迫，产后常见腹壁松弛、膀胱肌张力降低、对内部张力增加不敏感等症状。因此，对新妈妈来说，产后泌尿系统的护理同样非常重要。

✱ 皮肤、体形的变化

由于产后雌激素和孕激素水平下降，许多新妈妈的面部易出现黄褐斑。妊娠期，腹部皮肤由于长期受子宫膨胀的影响，会使肌纤维增生、弹力纤维断裂，腹肌呈不同程度的分离，在产后表现为腹壁明显松弛，一般在6～8周后会有所恢复，但是下腹部会留下永久性的白色旧妊娠纹。此外，绝大多数女性的身体在产后还会发生如腹部隆起、腰部粗圆、臀部宽大等体形上的变化。

✱ 其他变化

产后恶露排出、产后多汗、产后脏腑功能暂时失调等症状都会在产褥期内逐渐恢复。

三、如何科学坐月子

产后坐月子是新妈妈恢复分娩消耗的体力和保养身体的关键时期，在这个阶段，新妈妈们需要根据自身的分娩方式，选择适合自己的坐月子调补方法，并注意做好生活细节的照护，这样才能坐好月子。

剖宫产和顺产妈妈的术后注意事项

不同的分娩方式在坐月子时有不同的护理重点，新妈妈有必要了解一下，才能更科学地促进产后身体康复。

剖宫产者

◆术后新妈妈腹部伤口疼痛，正常应可以忍受，如果疼痛难忍，就要请医生检查，看腹壁有无血块。

◆术后阴道会流血，其血量不应超过月经量，过量的话需立刻求医治疗，以免失血过多。

◆术后第 1 天要待在床上休息；第 2 天拔导尿管后可下地，每 3 小时排尿一次，要注意过胀的膀胱会影响子宫正常收缩，可能会引起产后大出血；第 3 天可在室内扶墙练习踱步，如果头晕难忍，应立即上床休息，谨防摔伤。

◆腹部伤口通常在术后第 7 天拆线，拆线后如有咳嗽，要用手按压伤口两侧，以防伤口崩开。

◆术后要特别注意卫生，除了每日早晚洗脸、刷牙，吃饭、大小便及哺乳前后洗手外，还应保持阴部及伤口处的清洁。

◆术后饮食也要特别注意，术后 6 小时可进食米汤、蛋汤、藕粉和豆奶等流质软食，每日进食 5～6 次，但每餐不可过饱，以防消化不良造成肠胃阻塞。

饮食应多补充蛋白质高的鸡蛋、鸡肉、瘦肉等，以利伤口愈合；多吃水果补充维生素，防止便秘等症状。

顺产者

◆新妈妈在分娩时消耗了大量的体力，加上出血、出汗，充分的休息有助于体力的恢复，并可提高食欲，促进乳汁的分泌。除了保证夜间充足的睡眠外，日间也应安排 1 ～ 2 小时的午睡。

◆新妈妈产后出汗较多，尤其是晚上睡觉时，可多备几套睡衣，衣服湿了要立即换下，并擦干汗渍，以免受凉。"月子"里新妈妈的会阴部分泌物较多，每天应用温开水清洗外阴部，勤换会阴垫并保持外阴部的干燥和清洁。如果体力允许，产后第 2 天就可以开始刷牙，最迟也要在产后第 3 天开始，刷牙最好用温水，并选择软毛牙刷。

◆新妈妈需要适当进补以促进产后恢复，但不应无限度地加强营养，而是要注意科学搭配，原则上应吃富有营养、易消化的食物，还应少吃多餐、荤素搭配、粗细夹杂、种类多样，并根据新妈妈的体质进行合理调配。

◆由于腹压消失、饮食中缺少纤维素、活动量小等，肠蠕动会减弱，排空时间延长，加上会阴切口的疼痛，使得新妈妈不愿意做排便的动作，这会导致新妈妈便秘。顺产妈妈从分娩当天就可以补充液体和一些有助通便的蔬果，如香蕉、苹果、芹菜、南瓜等，并养成每日按时排便的良好习惯。

◆尽管坐月子期间需要多休息，但是休息不是一味地睡觉或者躺在床上，适当活动也有利于新妈妈身体的恢复。卧床休息时，可以多翻身、抬胳膊、仰头，注意动作要轻柔，以身体感觉舒适为佳。顺产 3 天后可适当下床活动，时间不宜过长，还应避免动作太激烈而使缝合的伤口撕裂。

做好月子期的生活细节调养

新妈妈在坐月子期间，一定要注意做好生活细节的调养。只有这样，才能保证新妈妈坐好月子、养好身体，恢复美丽和健康。

✻ 保证睡眠时间

生完宝宝后，新妈妈有很多新的任务要完成，如喂奶、换尿布、哄宝宝睡觉……有调查显示，超过40%的新妈妈会出现睡眠问题。为了自己和宝宝的身体健康，新妈妈每天必须保证8~9小时的睡眠。

✻ 根据宝宝的生活规律来休息

一般情况下，新生儿每天大概要睡15小时，而新妈妈至少要睡8小时。因此，新妈妈要根据宝宝的生活规律调整休息时间，当宝宝睡觉时，不管是什么时间，只要感到疲劳，都可以躺下来休息。

✻ "清空"乳房防胀奶

如果胀奶的时间很长，宝宝又吸不出奶时，新妈妈可以用吸奶器及时吸空乳房，防止乳汁积聚而引发乳房不适，甚至乳腺炎。也可以试试站着洗个热水澡，帮助"清空"乳房。

✻ 月子里不要碰冷水

新妈妈全身骨骼松弛，如果冷风、冷水侵袭到骨头，很可能落下"月子病"。因此，月子里不要碰冷水，即使在夏天，洗东西仍然应该用温水。另外，开冰箱这样的事情，也应该请家人代劳。

✻ 注意腰部保暖

新妈妈平时应注意腰部保暖，特别是天气变化时要及时添加衣物，避免受冷风吹袭，防止腰部疼痛。可以用旧衣服制作一个简单的护腰，最好以棉絮填充，并且在腰带部位缝几排纽扣，以便随时调整松紧。

做好产后心理护理

由于对生育、形体、性生活、家庭及经济的担忧，新妈妈极易在产后出现暂时性的心理退化现象，即产后沮丧，产后抑郁情绪明显，情感脆弱，依赖性强，适应性差，特别是在产后1周内，其情绪变化更明显。这不仅加重了她们的心理负担，更有些新妈妈会在生产后引发不同程度的心理障碍。因此，新妈妈的心理护理十分重要。

保持愉快、放松的心情有助于恢复体力，避免心情差而带来的种种问题，从而加速身体的新陈代谢，加速燃脂。相反，自暴自弃的负面情绪则容易导致暴饮暴食，使体重迅速上升。因此，乐观、积极的态度对产后瘦身的助力同样不可小觑。

◆学会自我调整，适应角色的改变，树立哺育宝宝的信心，并试着从宝宝身上找寻快乐。不要过度担忧，更不要强迫自己做不想做或可能会感到心烦的事。

◆新妈妈在心情烦闷时，可以找亲朋好友倾诉，把感受和想法告诉他们，不要把事情都憋在心里。

◆疲倦会使不良情绪恶化，新妈妈在感到疲倦时，可将孩子暂时交给家人、亲友或保姆照料，给自己放个短假，让自己喘口气。

◆从孕期开始，新爸爸和家人就应给予新妈妈相应的精神支持，而丈夫的关爱和协调作用尤为重要。作为丈夫，要努力为新妈妈营造一个温馨的生活环境，不仅要给新妈妈补充营养和充分休息的时间，还要给予更多的情感支持和关怀，促使其早日康复。

关注产后瘦身保养

产后除了体重会增加以外，很多新妈妈的腰、腹、臀部肌肉都会变得松弛，及早进行健身锻炼，会使相关的肌肉群尽快恢复弹性，并恢复体形的健美。不过，由于新妈妈的身体状况特殊，锻炼也需要讲究方法。坐月子期间，运动以和缓、适量为宜。

只要身体允许，新妈妈产后当天就应下床适当活动。如觉得体力较差，下床前先在床上坐一会儿。若不觉得头晕、眼花，可由护士或者家属协助下床活动，并逐渐增加活动量。在户外散步是一种很好的锻炼方式，可在天气晴朗且无风的时候，试着在户外散步，行走速度要缓慢，不要使心跳加速，只需感觉血液循环加快就行了。

一般来说，产后14天可开始进行腹肌收缩运动，而伸展运动、体操、有氧运动等，最好坐完月子再进行。过早的、长时间的剧烈运动会使盆腔韧带发生严重松弛，导致子宫脱垂、尿失禁和排便困难。

做好特殊部位的护理

新妈妈的身体要悉心护理，特别是以下三个特殊部位：

✳ 会阴

会阴部最好每天进行1~2次清洁。应该用温开水，不能用冷水与热水掺和，因为冷水没有经过高温杀菌，可能有细菌。清洁时，用干净的毛巾从前往后进行擦洗。所使用的毛巾、水盆要专用，用完后要消毒、清洗干净。

✳ 子宫

为了使子宫更好地收缩、排空，可以采取按摩或者服用生化汤等方式，辅助子宫恢复。

✳ 乳房

产后乳房开始分泌乳汁，加上自身排出的汗液可能会在乳头周围形成一层垢痂，在第一次哺乳前新妈妈应先清洗乳房。用清洁的植物油涂在乳头上，等乳头的垢痂变软后，用碱性的肥皂水清洗。再用温水擦洗乳房、乳头及乳晕。每次哺乳时要采用正确的姿势，在哺乳完成后，最好用温水将乳头、乳晕及其周围擦洗干净，保证乳房的清洁。

不要忽略产后检查

一般来说，生产后42天，新妈妈要带着宝宝去医院做一次检查。因为此时新妈妈身体各部位已基本恢复正常，这次产后检查对新妈妈来说非常重要。

✷ 产后检查的意义

产后检查，能及时了解新妈妈身体恢复情况，发现产后疾病的苗头，避免患病新妈妈对宝宝的健康产生不良影响，同时还能就新妈妈饮食、睡眠、母乳喂养、身体恢复等问题提供指导，帮助新妈妈采取合适的避孕措施，等等。

✷ 产后检查的主要项目

乳房检查：检查乳汁分泌是否正常，乳房是否有肿块、压痛，乳头是否有皲裂等。

子宫检查：了解子宫恢复情况、子宫内膜的情况。

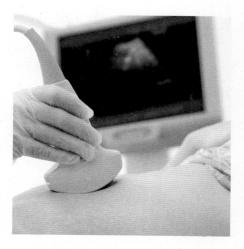

测量血压：不论妊娠期的血压是否正常，产后检查都应该测量血压。注意在测量血压时，新妈妈应该处于相对平静的状态。

血、尿常规：患妊娠高血压的新妈妈要做尿常规检查，对妊娠并发贫血及产后出血的新妈妈要复查血常规。注意，如果血压或血糖不正常，医生会要求1~2周内复查，新妈妈不要怕麻烦，要及时复查。

盆腔器官检查：该检查项目是产后42天检查中衡量新妈妈产后复旧情况的一项重要检查，包括检查子宫、阴道分泌物、子宫颈、会阴恢复或疤痕恢复、妇科炎症等。

第一章 坐月子大讲堂：让新妈妈健康又幸福的智慧

四、坐月子问与答

除了前期的准备工作和具体的生活调理外，在坐月子的过程中，新妈妈一定还有很多其他问题想要了解，在这里我们精选了几个典型的问题，做出详细的解答，希望通过我们的讲解，让新妈妈能明明白白坐月子、轻轻松松养身体！

坐月子期间需要使用束腹带吗？

对于一般的新妈妈来说，分娩后由于身体虚弱，体内各韧带弹性无法立即恢复，很容易产生肌肉及内脏下垂，包括胃、肾、肝脏及子宫下垂。在顺产后第2天开始使用腹带，对产后腹肌的回缩，骨盆、子宫的恢复都有很好的帮助。尤其对于剖宫产的新妈妈而言，手术后第7天开始使用腹带，还可以有效止血，促进伤口愈合。

选择腹带时以纯棉布、无弹性、分段束缚者为佳。每餐饭后半小时，或排尿之后绑上，睡前取下。每天使用时长不超过12小时，且每2小时解开让腰腹部放松一会儿。

不过，对于哺乳的新妈妈来说，使用腹带束缚，可能会使胃肠蠕动减慢，影响食欲，造成营养失调，乳汁分泌减少。因此，腹带的使用应该因人而异，不必强求。

产后如何科学摄取红糖？

月子里红糖的食用方法应该是以直接冲泡红糖水为主，也可将其加在水煮荷包蛋、糯米粥等餐点中食用。但切记不要食用太久，最好控制在7~10天。当新妈妈产后血性恶露和浆性恶露转为白色恶露时，就不宜再食用红糖了，应多吃些营养丰富的食物，以促进身体更快恢复。

月子期是不是一定要多吃鸡蛋？

有人认为，新妈妈分娩时会消耗大量体力，因此一定要补充足够的营养。鸡蛋属于良好的滋补食材，蛋白质含量高，脂肪含量低，适合月子期进食，可以恢复元气，因此大补特补。其实这是不对的，鸡蛋并非吃得越多越好。

新妈妈产后的胃肠蠕动能力较差，胆汁排出会受到影响，如果过量食用鸡蛋，身体不但消化不了，还会影响肠道对其他食物营养素的吸收。而鸡蛋中含有的蛋白质如果在胃肠道内停留时间较长，容易引起腹胀、便秘等问题，对身体健康反而不利，因此，月子里新妈妈要适量摄取鸡蛋，一天吃2~3个即可。

产后什么时候恢复性生活？

一般情况下，新妈妈在产后6~8周可以恢复性生活。一般顺产后约2个月，剖宫产后3个月，可以恢复性生活，切不可过早。这主要是因为分娩使阴道壁内膜变得很薄，子宫内部有裂伤，完全愈合需要3~4周时间，且分娩时开放的子宫口短期内也不能完全闭合。而且，无论是做会阴切开术的新妈妈还是剖宫产的新妈妈，其伤口大约需要6周才能复原，用力时才不会产生酸痛感。

月子里可以洗头吗？

老一辈的习俗认为，月子里不能洗头，否则会受风寒侵袭，使新妈妈头痛等，这种说法是欠妥的。新妈妈的新陈代谢较快，汗液增多，会使头皮和头发更易变脏，因此，保持个人卫生非常重要。其实，不管是在哪个季节坐月子，如果伤口愈合良好，新妈妈是可以洗头的。建议洗头时使用温水，以37℃为宜，选用性质温和的洗发水，洗完后及时擦拭，先用干毛巾包一下，再用吹风机吹干，避免着凉感冒。

第二章

月子饮食小支招：坐月子期间的

营养攻略

坐月子是女性产后身体健康的重要转折点，是改变体质、调理身体的好时期。在产后，新妈妈的营养需求是什么？不同体质如何调理？月子期的饮食原则和烹饪技巧有哪些？这些疑问都可以在本章中找到答案，让新妈妈吃得营养又美味。

一、新妈妈的营养需求

　　"坐月子"是女性健康的一个重要转折点，月子期间正确的饮食调理，可避免很多因分娩带来的疾病和不适。分娩使新妈妈消耗大量的体力，照顾宝宝也需要花费精力，同时，还要为宝宝供应足够的高质量乳汁，所以，新妈妈需要均衡而全面的营养补充。

脂肪

　　脂肪是人体重要的组成部分，也是食物的一个基本构成部分，在人体营养中占重要地位。新妈妈体内的脂肪酸有增加乳汁分泌的作用，而宝宝的生长发育及对维生素的吸收也需要足够的脂肪。因此，新妈妈的膳食中必须有适量的脂肪供给，以满足自己和宝宝的身体需求。

蛋白质

　　食物中蛋白质的质和量、各种氨基酸的比例，关系到新妈妈体内蛋白质合成的量，所以，新妈妈的母乳质量与膳食中蛋白质质量有着密切的关系。一般，哺乳期女性每天比普通人要多摄入20克蛋白质。如果新妈妈膳食中的蛋白质供给不足，很容易导致新妈妈易感疲倦，免疫力下降，泌乳量也会随之减少。此外，蛋白质缺乏还会引起内分泌失调。日常饮食中鱼、瘦肉、蛋类、奶类、豆类等食物均含有较丰富的优质蛋白，但一定要注意适量补充，摄入过量同样对身体健康不利。

钙

　　刚出生的宝宝体内还不能生成钙，需要从饮食中摄取。因此，产后哺乳的妈妈，每天需摄取足够的钙，才能使分泌的乳汁中含有足够的钙。新妈妈乳汁分泌量越大，对钙的需要量就越大。这时，如果不补充足量的钙，就会引起腿脚抽筋、骨质疏松等"月子病"，还会使宝宝因缺钙而出现佝偻病，影响身体正常发育。一般来说，新妈妈每天需要补充约1200毫克的钙，可多吃些含钙量丰富的食物，如牛奶、豆腐、鸡蛋、鱼、海米、芝麻、西蓝花等。

铁

　　由于妊娠期扩充血容量及胎儿需要，约半数的孕妇会患缺铁性贫血，分娩时又会因失血而丢失一部分的铁。所以，在膳食中应多加些猪血、木耳、红枣、动物肝脏、海带、紫菜等含铁丰富的食物。

维生素

　　新妈妈由于身体康复及哺乳的需要，对各种维生素的需求量较怀孕前要多，所以产后的膳食中各种维生素必须增加，以维持新妈妈的自身健康，促进乳汁分泌，满足婴儿生长需要。维生素含量丰富的食物有西红柿、胡萝卜、大白菜、茄子、苹果、葡萄、豆类等。

二、月子餐常用食材推荐

刚刚经历了分娩的新妈妈们身体十分虚弱，急需通过饮食调理，将身体虚耗的能量补回来。但是吃什么、怎么吃是大有讲究的。

五谷杂粮类

主要是提供身体活力及产生热量的淀粉类食物，供应形态多样化，每日的建议摄取量是3~5碗，而每一碗米饭（约200克）等于2碗稀饭，或4片薄片吐司。

● 小米

小米富含蛋白质、维生素、铁、钙等营养素，能帮助新妈妈开胃消食、滋阴养血，最佳食用方法是熬成小米粥。

● 紫米

紫米富含多种维生素，能滋阴补肾、明目补血，帮助哺乳期的妈妈促进乳汁分泌，将紫米煮粥或做成糕点都不错。

● 薏米

薏米是一种美容圣品，能维持人体肌肤光泽细嫩，消除粉刺、雀斑、妊娠纹，对慢性肠胃炎和消化不良皆具疗效。

● 花生

花生具有止血生乳、利水消肿、抗老化等作用，以炖食为佳，适合消化系统尚未恢复的新妈妈。

● 芝麻

芝麻所含的维生素E能促进头发再生；钙能促进骨骼、牙齿的发育；大量油脂有润肠通便的作用，可榨油入菜。

● 黑豆

黑豆的蛋白质含量为豆类之冠，具有补肾益精、润肤乌发之效，能帮助新妈妈排毒利尿、治疗水肿。

● 红豆

红豆属高蛋白质、低脂肪的高营养谷类，能促进血液循环、帮助消化吸收、预防便秘、排毒消肿，具有减肥与养颜作用，但要注意煮汤时的糖量，以免热量过高。

● 黄豆

黄豆含有多种人体必需的氨基酸和钙等营养物质，能加强人体的脑细胞发育、预防骨质疏松，虽然营养价值高，但容易造成胀气，应避免过量食用。

鱼肉蛋类

肉鱼类提供动物性蛋白质，蛋类则提供植物性蛋白质。哺乳期可每日摄取150克肉类，或是1个鸡蛋，或6只虾，所含的蛋白质相当于150克肉。

● 鸡蛋

鸡蛋营养丰富，能帮助修复脏腑损伤、促进细胞再生、增强新陈代谢及免疫力，食用方法以煮和炒为好，强于其他食用方法。

● 鲈鱼

鲈鱼所含的脂肪和优质蛋白质能有效促进新妈妈的乳汁分泌，对术后的伤口愈合也很有帮助，还能增强新妈妈产后身体对疾病的抵抗力。

● 虾

虾的肉质松软易消化，且通乳性强，富含磷和钙，对产后乳汁分泌较少、胃口较差的新妈妈有补益效果。

● 海参

海参能帮助新妈妈恢复元气、加强伤口愈合，可以通过乳汁为宝宝的大脑和神经系统的发育提供丰富的脑黄金物质，有助于宝宝的生长发育。

● 牛肉

牛肉富含蛋白质，且低脂肪，能强筋健骨、滋养脾胃，适合气短体虚、筋骨痿软的新妈妈食用。

● 猪肝

肝脏是储存营养和解毒的重要器官，含丰富的营养物质，是最理想的补血佳品，还能增强人体免疫力、防衰老。

● 鸡肉

鸡肉富含优质蛋白质、脂肪含量少，能增强体力，最适合产后食用，尤其是炖成鸡汤对坐月子的妈妈来说，是比较好的补品。

● 猪蹄

猪蹄富含胶原蛋白，能帮助细胞吸收并储存水分，使肌肤柔嫩有光泽，多吃猪蹄对哺乳期妇女还有催乳和美容的双重功效。

蔬菜水果类

蔬菜、水果含丰富的维生素C、水分、矿物质及纤维素，是人体所必需的营养物质，每日摄取量分别为深色绿叶蔬菜3碟、水果2个，还可多吃些有色蔬菜，如绿色或黄红色蔬菜。

● 木耳

木耳含有丰富的糖类及铁，能滋养脾胃、补血止血，可增强人体免疫力；要注意烹饪时间不宜太长，以免破坏其营养成分。

● 金针菇

金针菇能提高人体的免疫力、增强记忆力以及促进生长发育，但由于金针菇的钾含量高，肾脏功能不佳者不宜多食。

● 香菇

香菇富含多种维生素、矿物质和香菇多糖，可以帮助产后妇女提高机体免疫力和适应力。

● 银耳

银耳富含胶质，能润肠益胃、祛斑养颜；所含膳食纤维能帮助肠胃蠕动、减少脂肪吸收，是一种天然的减肥食品。

● 南瓜

南瓜富含优质蛋白质，脂肪含量少，能增强体力，十分适合产后食用，尤其是加入鸡汤中对坐月子的新妈妈来说，营养更加丰富。

● 猕猴桃

猕猴桃能帮助脑部活动，具有稳定情绪、镇静心绪的作用；可强化肠胃功能，帮助排便，代谢肠胃道的有害物质。

其他

除了以上几大类，新妈妈在坐月子期间还可以摄取以下食物，为身体补充产后恢复所需的营养，促进产后快速恢复。

● 牛奶

牛奶营养丰富，且容易吸收，对人体骨骼、视力、皮肤和肠胃蠕动都有显著的作用。月子期建议饮用温牛奶，每日1~2杯，宜选择脱脂牛奶。

● 莲子

莲子能促进凝血，维持神经传导性、肌肉伸缩性、心跳的节律、毛细血管的渗透压和体内酸碱平衡，具有安神养心、降火助眠的作用。

三、月子期的饮食原则

月子里的饮食摄入对产后的新妈妈来说非常重要，因为这关系着新妈妈的身体恢复与产后哺乳。新妈妈应在满足身体所需的前提下，合理安排饮食。下面介绍月子期间的饮食原则，新妈妈可以了解了解。

保持饮食多样化

因为新妈妈产后身体的恢复和宝宝营养的摄取均需大量各类营养成分，所以新妈妈千万不要偏食和挑食，要讲究粗细搭配和荤素搭配等，这样既可以保证各种营养的摄取，还可以提高食物的营养价值，对新妈妈身体的恢复很有益处。

产后饮食要适度

产后过量的饮食，会让新妈妈体重增加，对于产后的恢复并无益处。母乳喂养时，如果宝宝对乳汁需求量大，新妈妈食量可以比孕期稍增，但最多增加1/5的量；如果乳汁正好够宝宝吃，则要与孕期等量；如果没有奶水或者不能母乳喂养的新妈妈，食量和非孕期差不多就可以。很多新妈妈不停地吃鸡蛋、红糖，顿顿少不了鸡鸭鱼肉。这种做法并不科学，过量摄取营养，会使新妈妈的身体肥胖起来。严重者还会导致体内糖和脂肪代谢失调，使糖尿病、冠心病等的发病率增高。所以新妈妈需要摄取营养，更需要正确地摄取所需的营养。

坚持清淡饮食

新妈妈在月子里的饮食要清淡，应尽量少吃盐，避免过多的盐分使水分滞留在身体里，造成水肿。口重的新妈妈，应该提高警惕，饮食中尽量不要有腌制的食物。可以把家里的钠盐换成钾盐，因为钾盐的口味比钠盐稍微重一些，既能保证食物的口感，又不会让新妈妈摄入过多的盐分。

多吃新鲜蔬果

新鲜蔬果中富含维生素、矿物

少食多餐，荤素搭配

新妈妈虽然需要增加比平常多的热量来为宝宝提供足够的乳汁，但是饮食搭配要均衡，切勿太油腻，否则新妈妈的胃口会变坏，宝宝会得脂肪泻，大便呈泡沫状。新妈妈在月子里以一日六餐为宜，早中晚三餐中间加餐两次，再加一顿夜宵。少食多餐是新妈妈坐月子最重要的饮食原则，既保证了自身的健康，也能保证母乳的充足。

忌食冰冷的食物

由于新妈妈在生产时要消耗大量的体力，生产后体内激素水平会发生大幅度变化，宝宝和胎盘的娩出，使得新妈妈体内的代谢功能降低，体质大多从内热变为虚寒。若食用过于生冷的食物，易患胃炎、肠炎等消化道疾病。因此，新妈妈产后饮食宜温，过于生冷的食物最好不要食用，从冰箱里拿出来的水果、冷菜最好热透后再吃。

质、果胶及足量的膳食纤维，这些食物既可增加食欲、防止便秘、促进乳汁分泌，还可为新妈妈提供必需的营养素。因此，认为产后应禁吃或少吃蔬果的观念是错误的。但要注意，经冷藏的水果要放至常温或用温水泡一会儿再吃。

宜温和进补

很多新妈妈在宝宝一落地时就开始进补各种催乳汤水，事实上，产后两三天大多数新妈妈的乳腺管还没完全畅通，因此不要太急着喝催奶的汤。不然奶水有了，乳腺管还没通，容易胀奶，患乳腺炎等疾病。产后进补，要注意温和和循序渐进，以身体能更好地接受为度。

四、月子餐的调味与烹饪技巧

　　产后饮食应以精、杂、稀、软为主，烹调时还需兼顾新妈妈本身的体质特点，采取适当的烹调方式，不仅要有营养，还要美味，这样才能有效促进新妈妈的食欲，下面介绍了几个实用的烹饪技巧。

　　月子餐要量少质精，饭量和菜量不需要太大，但要精选食材，荤素菜色尽量丰富多样，以烹调简单的菜式与食材为主，不增加育儿生活的负担。

　　许多蔬菜都残留着农药，如清洗不净，食用后会危害身体健康。一般要先用清水冲去表面脏污，再用清水加入果蔬洗剂浸泡，也可将蔬菜冲洗干净后，浸泡在小苏打溶液中5~10分钟，再用清水多次冲洗干净。因为蔬菜多使用有机磷农药，在碱性环境下能够迅速分解。

　　熬煮鱼汤可加入几滴牛奶，不仅可以去除鱼的腥味，还可使鱼肉更加软嫩、味道更加鲜美。做肉骨汤时，滴入少许醋，可以使更多钙质从骨髓、骨头中游离出来，增加钙质。做鱼汤前，可将鱼先煎一下，将锅烧热，把生姜拍松后在锅内擦拭（生姜汁有利于保持鱼皮和锅面的分离），再倒入油煎煮，不但可以去除鱼腥味，还可使鱼皮色泽金黄且不粘锅。

　　为了使食物容易被消化，新妈妈的饭菜要煮得软一些，烹调方法多采用蒸、炖、焖、煮，不宜采用煎、炸的方法。因为食物在烹调过程中会发生变化，使部分营养素遭到破坏，因此，要特别注意烹调手法，避免营养素的流失。

　　月子餐应做到口味清淡，烹调时尽量少放盐和酱油等调料，同时不可过分油腻，无论是各种汤品还是食物，都要以发挥食材本身营养为原则，切忌大鱼大肉，盲目进补。而盐以少放为宜，但并不是不放或放得过少，如菜肴中加少量葱、生姜、蒜、花椒粉等偏温和的调料，能帮助血气运行，有利于瘀血排出体外。

五、依体质量身打造月子餐

坐月子期间，"饮食调养"是非常重要的课题，但并非大量进补就是恰当的，产后进补不应局限于营养的补充，而是依照新妈妈的体质，选择适当的药膳与食材，才能让新妈妈迅速恢复生理功能。找到适合自己的药膳与食材，才能真正达到"坐月子，养身子"的效果。

寒性体质

体质特征： 脸色苍白，容易疲倦，四肢容易冰冷，大便稀软，尿频量多、色淡，头晕无力，容易感冒，舌苔白，喜欢热饮。

食补重点： 可食用一些具有温补功效的食物或药物，以促进血液循环，达到气血双补的目的。可以多吃苹果、草莓、樱桃、释迦等水果；烹饪方式应避免过于油腻，以免造成肠胃的不适。

热性体质

体质特征： 脸红目赤，身体燥热，容易口渴及嘴破，舌苔黄、舌体赤红，易患便秘、痔疮，尿量少、色黄有臭味，容易长青春痘，心情易烦躁。

食补重点： 减少酒、芝麻油、生姜的用量；不宜食用荔枝、桂圆、芒果；平常可多吃橙子、草莓、葡萄等水果，以及丝瓜、莲藕、绿色蔬菜、豆腐、黑糯米、鲈鱼汤、花生瘦肉汤、排骨汤、青菜豆腐汤等进行调养。

中性体质

体质特征： 体质不寒凉、不燥热、食欲正常、舌头红润、舌苔淡薄，不会特别口干，身体状况较好。

食补重点： 饮食上可以食补和药补交叉进行，没有什么特别需要注意的问题。

特殊体质

罹患高血压的新妈妈： 口味不能太重，避免高盐、高胆固醇的食物，如动物内脏、牛肉、深海鱼类等食材，要控制食用量。

患有糖尿病的新妈妈： 宜少量多餐，需要摄取足够热量，但仍需控制淀粉与糖分的摄取量，减少单糖及双糖食物，少食用太白粉（即生的土豆淀粉）勾芡的浓汤与含酒精的菜肴。

患有甲状腺功能亢进的新妈妈：应避免燥热食物与酒类，且也不宜多吃芝麻油、米酒、深海鱼类，应使用不含碘的盐烹调。

六、警惕产后易走进的饮食误区

新妈妈在坐月子期间除了要注重膳食平衡，吃得营养、合理外，还应避免走入以下饮食误区，以促进产后身体的恢复。

产后吃人参调补身体

人参是一种大补元气的中药，但刚刚生产完的新妈妈食用人参，其弊大于利。人参对人体中枢神经有兴奋作用，可引起失眠、烦躁、心神不安等不良反应，不利于新妈妈的休息调养；人参的抗凝血作用还会干扰受损血管的自行愈合，造成出血过多。

产后马上喝催奶汤

从分娩到哺乳，中间有一个环节，就是要让乳腺管全部畅通。如果乳腺管没有全部畅通，而新妈妈又饮用了过多的汤水，那么分泌出的乳汁就会堵在乳腺管内，严重的还会导致发热。所以，要想产后早泌乳，一定要让宝宝尽早吮吸妈妈的乳房，刺激妈妈的乳腺管畅通，还可再喝些清淡少油的汤，如鲫鱼豆腐汤、黄鳝汤等。

产后要长期吃红糖

新妈妈在分娩后，适当饮用一些红糖水，能够促进恶露的排出，有利于子宫复位，帮助补血和补充体力，但是红糖并非吃得越多越好。过多饮用红糖水，会增加恶露中的血量，造成新妈妈继续失血，反而会引起贫血。

产后体虚多吃老母鸡

产后特别是剖宫产后，新妈妈的胃肠道功能还未恢复，不能吃太过油腻的食物。老母鸡、猪蹄等食物脂肪含量较高，不适合产后马上吃。这时，应选择进食一些易消化的流质或半流质食物，如鲫鱼汤、白米粥等。

坐月子不能吃水果

水果里含有丰富的维生素和微量元素，除产后3～4天不宜食用寒性的水果，如梨、西瓜、山竹等之外，新妈妈在月子里是可以吃水果的。新妈妈的身体恢复及乳汁分泌需要补充较多的维生素和矿物质，尤其是维生素C，其具有止血和促进伤口愈合的作用。

产后出血多，多吃桂圆、红枣等补血

桂圆、红枣、红豆是活血的食物，过量食用不但对补血无益，反而还会增加出血量。一般在产后2周，或恶露干净后，才适合吃这些食物。

产后立刻节食减肥

有些新妈妈生产后体重增加了不少，为了恢复以往的苗条身材，刚生产完就开始迫不及待地节食减肥。这种做法使新妈妈不能保证每天吃到各种营养丰富的食物，影响自身的恢复，也不能为母乳喂养的宝宝提供充足的营养。因此，新妈妈产后不宜采取节食的方法减肥，特别是哺乳期。

第三章

月子期食谱大公开：分阶段

科学调养新体验

　　进入月子期，不同周期新妈妈的体质变化不同，分阶段有针对性地调理，一"排"二"调"三"补"四"养"五"加强"六"助力"，新妈妈的身体才能更健康地恢复。本章月子餐食谱大公开，以科学的调养方式带给新妈妈月子期的全新体验。

一、产后第一周，代谢排毒黄金期

刚刚生完孩子的新妈妈由于耗费了大量的能量和体力，身体尤为虚弱，合理的饮食将为新妈妈元气的恢复打下牢固的基础。产后第一周的调理重点是多休息，尽快排出体内的恶露等污物，补充元气、强健脾胃，促进伤口愈合，恢复子宫功能。

饮食重点——"排"

①产后第1周又称为新陈代谢周，是排出怀孕时体内贮留的毒素、多余的水分、废血、废气的关键时期。本周的饮食要以排毒为先，如果太补，恶露和毒素就可能排不干净。

②由于产后最初几天，身体会很虚弱，因此新妈妈的胃口会非常差。此时应尽量选择有营养、口感细软、易消化的食物，饮食以清淡为佳，如素汤、肉末蔬菜及具有开胃作用的水果，如橙子、柚子、猕猴桃等。

③自然生产的妈妈，伤口愈合较快，一般只需3~4天，剖宫产妈妈则大概需要1周时间。产后6~7天，新妈妈可根据体质将饮食逐渐恢复到正常，可适当多吃些鱼肉、排骨等营养丰富的食物，以加速伤口的愈合。

日常护理细节

①注意保暖。女性在分娩之后，体内的雌激素、孕激素水平会迅速下降，身体系统包括内分泌系统的功能都在逐渐恢复到非妊娠状态，体内多余的水分和电解质也随之被排出体外。排泄主要通过肾脏和皮肤，故在产后最初几天，尿量增多的同时，也特别容易出汗，而出汗后毛孔会打开，易受寒着凉，因此要做好保暖工作。

②会阴清洁和伤口护理。在产后，新妈妈会排出大量恶露，所以尤其要注意清洁。在冲洗时，最好采用坐姿，由前往后冲洗，以避免将细菌带入尿道口而引发尿路感染。做过会阴侧切手术的新妈妈，要注意避免伤口发生血肿、感染等。

调理食谱推荐

小米山药饭

🌾 原料：

水发小米30克，水发大米、山药各50克

调理功效

　　山药药用价值较高，具有补脾养胃、生津益肺、补肾涩精等作用，搭配小米煮饭，能帮助产后新妈妈化瘀排毒、益气养心、健脾固涩。

🍲 做法：

1. 将洗净去皮的山药切小块。

2. 备好电饭锅，打开盖子，倒入切好的山药块，拌匀。

3. 放入洗净的小米和大米，注入适量清水，搅匀。

4. 盖上盖，按功能键，调至"五谷饭"图标，进入默认程序，煮至食材熟透。

5. 按下"取消"键，断电后揭盖，盛出煮好的小米山药饭即可。

清炒海米芹菜丝

原料：

海米、红椒各20克，芹菜150克

调料：

盐、鸡粉各2克，料酒8毫升，水淀粉、食用油各适量

做法：

1. 将洗净的芹菜切段，红椒切丝。

2. 锅中注水烧开，放入海米，加少许料酒，煮1分钟捞出，待用。

3. 用油起锅，放入煮好的海米，爆香，淋入适量料酒，炒匀。

4. 倒入芹菜、红椒，加入盐、鸡粉，炒匀调味。

5. 倒入适量水淀粉，快速翻炒均匀。

6. 将炒好的食材盛出，装入盘中即可。

调理功效

　　本菜口味清淡，易于消化，产后第一周的新妈妈食用，能增进食欲。此外，芹菜含铁量较高，能补充新妈妈体内随恶露排出流失的铁元素。

黑芝麻拌莲藕石花菜

🥄 原料：

去皮莲藕180克，水发石花菜50克，熟黑芝麻5克

⚫ 调料：

生抽、味淋各5毫升，椰子油10毫升

⚪ 做法：

1. 莲藕切片，泡在水中；泡好的石花菜切碎。

2. 锅中注入适量清水烧开，倒入莲藕，焯半分钟，倒入石花菜，焯至断生。

3. 捞出焯好的莲藕片和石花菜，浸泡在凉开水中降温。

4. 将莲藕片和石花菜沥干，装碗。

5. 加入椰子油、生抽、味淋、黑芝麻，拌匀即可。

调理功效

　　黑芝麻性平味甘，具有滋补功效，搭配石花菜一起食用，口感脆爽，有利于清热解毒，增强新妈妈的体质。

麻油猪肝

原料：

猪肝120克，老姜片、葱花各少许

调料：

盐3克，鸡粉2克，黑芝麻油2毫升，水淀粉、米酒、食用油各适量

做法：

1. 把洗净的猪肝切片，装碗，加入少许盐、鸡粉，淋入少许米酒。

2. 拌匀，倒入水淀粉、食用油，腌渍约10分钟至入味。

3. 用油起锅，下入老姜片爆香，放入腌渍好的猪肝片。

4. 翻炒几下，使其肉质松散，放入少许米酒、盐、鸡粉，炒匀调味。

5. 淋入黑芝麻油，炒透、炒香。

6. 关火后盛出炒好的菜肴，最后撒上葱花即成。

调理功效

　　本菜有破血功效，能将新妈妈子宫内瘀滞的血块打散，有利于恶露的排出。此外，猪肝的营养是猪肉的十倍，所含氨基酸与人体接近，易被新妈妈吸收利用。

生化汤

原料：

炙甘草2克，川芎6克，当归、桃仁各10颗，炮姜3克

做法：

1. 将所有药材放在流动的水下冲洗5分钟。
2. 将药材放入砂锅中，加700毫升的水，煮滚。
3. 盖上锅盖，煮约15分钟，至药汁剩下1/3的分量，倒出药汁。
4. 煮过1次的药材中再加入500毫升的水，煮滚。
5. 盖上锅盖，煮约10分钟，至药汁剩下1/2的分量，倒出药汁。
6. 将两次煮的药汁混合均匀即可。

调理功效

生化汤是去瘀止痛、排毒养生的食疗良方，产后第一周的新妈妈食用，可以改善由于产后血虚受寒、瘀阻胞宫所致的腹痛、产后恶露不能流出等症状。

益母草鸡蛋汤

原料：
熟鸡蛋（去壳）2个，枸杞10克，红枣15克，益母草适量

调料：
红糖25克

做法：

1. 砂锅中注入适量清水烧热，倒入备好的益母草、红枣、枸杞和熟鸡蛋。

2. 加盖，烧开后转小火煮约35分钟，至药材析出有效成分。

3. 揭盖，倒入红糖，拌匀，转中火续煮约2分钟，至糖分溶化。

4. 关火后盛出煮好的鸡蛋汤，装在碗中即成。

调理功效

　　益母草有较高的医用价值，含有益母草碱及硒、锰等多种微量元素，具有利水消肿、活血祛瘀等作用，能加速恶露排出。

桂圆红枣小米粥

🍽 原料：

水发小米150克，红枣30克，
桂圆肉35克，枸杞10克

<u>调理功效</u>

　　桂圆含有多种维生素，
红枣是补血佳品，加入小米一
起熬粥，能补充新妈妈流失的
血液，还可以改善新妈妈的体
质，有利于身体恢复。

🍲 做法：

1. 砂锅中注水烧开，放入洗净的小米、红
   枣、桂圆、枸杞，拌匀。

2. 盖上盖，烧开后用小火煮约30分钟至食材
   熟透。

3. 关火后盛出煮好的小米粥，将其装入碗中
   即可。

红糖小米粥

原料：

小米400克，红枣8克，花生仁10克，瓜子仁15克

调料：

红糖15克

调理功效

　　红糖含有丰富的铁质及葡萄糖，有利于子宫收缩复原，排出产后宫腔瘀血，小米滋阴养血，搭配食用，可以补充新妈妈流失的铁。

做法：

1. 砂锅中注入适量的清水烧开，倒入备好的小米、花生仁、瓜子仁，拌匀。

2. 盖上锅盖，用大火煮开后，转小火煮20分钟。

3. 掀开锅盖，倒入红枣，搅拌均匀，续煮5分钟。

4. 掀开锅盖，加入备好的红糖，持续搅拌片刻。

5. 将煮好的粥盛出，装入碗中即可。

蜂蜜玉米汁

原料：

鲜玉米粒100克

调料：

蜂蜜15克

做法：

1. 取榨汁机，将洗净的玉米粒装入搅拌杯中，榨取玉米汁。

2. 将榨好的玉米汁倒入锅中，大火加热，煮至沸。

3. 加入蜂蜜，搅拌，使玉米汁味道均匀。

4. 盛出煮好的玉米汁，装入杯中，放凉即可饮用。

调理功效

　　这道玉米汁营养丰富、易于消化。其中，玉米含有维生素、脂肪酸等多种营养成分，加入蜂蜜口感甜润，能增强食欲，适合产后第一周的新妈妈食用。

麻油鸡

🍶 原料：

鸡胸肉350克，鲜香菇30克，姜片少许

🍶 调料：

盐、鸡粉各1克，芝麻油适量

调理功效

　　鸡肉有温中益气、健脾胃等功效，用芝麻油炒制，能帮助新妈妈排出体内的恶露。

☺ 做法：

1. 洗净的鸡胸肉切成两片，两面各划上一字刀且不切断；洗好的香菇切块。

2. 锅置火上，倒入芝麻油烧热，放入鸡胸肉，煎至焦黄，关火后盛出，放凉切块。

3. 砂锅置火上，注水，放入姜片、鸡胸肉块、香菇，搅匀。

4. 加盖，用大火煮开后转小火煮20分钟至食材熟软。

5. 揭盖，加入盐、鸡粉，拌匀调味。

6. 关火后盛出煮好的食材，装碗即可。

二、产后第二周，调理气血关键期

　　本周新妈妈的体力在慢慢恢复，腹部已触摸不到子宫了，恶露的颜色也逐渐变浅，乳汁分泌越来越多。此时，应增加一些补养气血、滋阴、补阳气的温和食物来调理身体，以促进乳汁分泌、强健筋骨、润肠通便、收缩子宫。

饮食重点——"调"

　　①多吃补血食物。经过上一周的精心调理，胃口有了明显的好转，这时新妈妈可以开始多吃补血食物，调理气血。应多吃些富含造血原料、优质蛋白质及必需的微量元素，如含铁、铜、叶酸和维生素B_2等的食物，如动物肝脏、动物血、鱼、蛋类、豆制品、木耳、芝麻、红枣及新鲜的蔬菜、水果。

　　②催乳应循序渐进。刚分娩后，胃肠功能尚未恢复，乳腺才开始分泌乳汁，乳腺管还不够通畅，不宜食用大量催乳食品。在烹调中少用煎炸，多食易消化的带汤的炖菜，饮食宜以清淡为主，少食寒凉食物，避免进食麦芽等退乳食物。

　　③食量不宜过大。绝不能暴饮暴食，过量进食会让新妈妈在孕期体重增加的基础上进一步肥胖，影响产后恢复。若是母乳喂养宝宝，食量最多增加1/5，若是没有奶水，食量和非孕期等同就行。

日常护理细节

　　①注意乳房护理。哺乳期间，乳头会自然分泌一种能够抑制细菌滋生的物质，只需在洗澡时用清水冲洗即可。此外，产后不能强力挤压乳房，否则会导致乳房内部软组织挫伤。

　　②口腔护理。受激素的影响，妈妈在月子里会牙龈水肿、充血，刷牙时易发生牙龈出血，但还是应坚持天天刷牙，加强口腔护理。

　　③避免寒风侵袭。关好门窗，避免对流风，室温及浴室温度最好稳定在26～32℃。

木耳枸杞蒸蛋

🍴 原料：

鸡蛋2个，木耳1朵，水发枸杞少许

🥣 调料：

盐2克

调理功效

　　木耳富含蛋白质和铁质，具有抗血凝、促使血液流动通畅的功效，和枸杞同蒸，清淡有营养，适合产后食用。

🥄 做法：

1. 洗净的木耳切成粗条，再改切成块。

2. 取一碗，打入鸡蛋，加入盐，搅散。

3. 倒入适量温水，加入切好的木耳，搅拌均匀。

4. 蒸锅注入适量清水，用大火烧开，放上碗。

5. 加盖，用中火蒸大约10分钟，至熟。

6. 揭盖，关火后取出蒸好的鸡蛋，撒上枸杞即可。

虾仁汤饭

🍲 **原料：**

白萝卜180克，秀珍菇55克，菠菜35克，虾仁50克，稀饭90克

调理功效

　　虾是高蛋白质、低脂肪的水产品，营养价值非常高，新妈妈适当吃一些虾，有助于补充营养，促进产后身体的调养。

💧 **做法：**

1. 洗净的菠菜切碎，白萝卜切粒，秀珍菇切成碎末。

2. 洗好的虾仁切片，剁成泥状，备用。

3. 砂锅注水烧热，倒入白萝卜、秀珍菇、虾仁、稀饭、菠菜，拌匀。

4. 盖上盖，煮开后用小火煮约20分钟至食材熟透。

5. 揭开盖，搅拌均匀，关火后盛出煮好的汤饭即可。

鸡蛋肉卷

🍴 原料：

肉末300克，鸡蛋2个，胡萝卜条25克，姜末、葱花各少许

⚫ 调料：

盐、鸡粉各2克，老抽2毫升，水淀粉、生粉各适量，食用油少许

⚪ 做法：

1. 将肉末装碗，撒上姜末、葱花，加入盐、鸡粉、老抽、生粉，腌10分钟。

2. 鸡蛋打开，取出蛋清，装入碗中，加入少许盐、水淀粉，打散调匀。

3. 煎锅置于火上，刷上少许食用油，倒入蛋清，转动煎锅使其呈圆饼形。

4. 翻转蛋饼，转小火略煎片刻，至两面熟透，关火后取出蛋饼，待用。

5. 锅中注入适量清水烧开，加少许盐，放入胡萝卜条，煮至断生，捞出待用。

6. 把蛋饼放在砧板上，撒上少许生粉，放入肉末，铺开摊匀，放上胡萝卜条。

7. 把蛋饼卷成卷，用水淀粉封口，制成鸡蛋肉卷生坯，装盘待用。

8. 蒸锅上火烧开，放入蒸盘，盖上盖，用中火蒸约10分钟至熟。

9. 揭开盖，取出蒸盘，放凉后切小段，摆在盘中即可。

调理功效

　　鸡蛋含有蛋白质、卵磷脂和维生素等多种营养成分，包裹上肉末，口感丰富，能增强新妈妈的食欲，还可以有效提高人体免疫力，对新妈妈和宝宝都有好处。

南瓜糙米饭

原料：

南瓜丁140克，水发糙米180克

调料：

盐少许

做法：

1. 取一蒸碗，放入洗净的糙米，倒入南瓜丁。
2. 搅散，注入适量清水，加入少许盐，拌匀，待用。
3. 蒸锅上火烧开，放入蒸碗，盖上盖，用大火蒸约35分钟，至食材熟透。
4. 关火后揭盖，待蒸汽散开，取出蒸碗，稍微冷却后即可食用。

调理功效

　　糙米含有维生素和微量元素，搭配南瓜一起食用，可以补中益气、调节体质，适合产后第二周的新妈妈食用。

白萝卜牡蛎汤

原料：

白萝卜丝30克，牡蛎肉40克，姜丝、葱花各少许

调料：

料酒10毫升，盐、鸡粉各2克，芝麻油、胡椒粉、食用油各适量

做法：

1. 锅中注入适量的清水烧开，倒入白萝卜丝、姜丝、牡蛎肉，搅拌均匀。
2. 淋入食用油、料酒，搅匀，盖上锅盖，焖煮5分钟至食材熟透。
3. 揭开锅盖，淋入芝麻油，加入胡椒粉、鸡粉、盐，搅拌片刻，使食材入味。
4. 将煮好的汤水盛出，装入碗中，撒上葱花即可。

调理功效

白萝卜含有维生素C和锌，牡蛎甘氨酸含量丰富，两者搭配熬出的汤水，味道鲜美且易于消化，还有助于增强机体的免疫功能，调节新妈妈的体质。

红腰豆莲藕排骨汤

原料：

莲藕330克，排骨480克，红腰豆100克，姜片少许

调料：

盐3克

做法：

1. 洗净去皮的莲藕切成块状，待用。

2. 锅中注水烧开，倒入备好的排骨，搅匀，余片刻捞出，沥干水分，待用。

3. 砂锅中注入适量清水烧热，倒入排骨、莲藕、红腰豆、姜片，搅拌匀。

4. 盖上锅盖，煮开后转小火煮2小时至熟透。

5. 掀开锅盖，加入盐，搅匀调味。

6. 将煮好的排骨盛出，装入碗中即可。

调理功效

　　莲藕含有蛋白质、膳食纤维等成分，和排骨、红腰豆一起煮汤，不仅健脾开胃，还有益气补血的功效，尤其适合产后第二周的新妈妈食用。

♥ 100道科学月子餐新体验

香菇蛋黄粥

🍴 原料：

水发大米130克，香菇25克，蛋黄30克

🥣 做法：

1. 将洗净的香菇切片，再切碎，待用。

2. 砂锅中注水烧开，倒入洗净的大米，搅匀。

3. 盖上盖，烧开后转小火煮约40分钟，至米粒熟软。

4. 揭盖，倒入香菇碎、蛋黄，边倒边搅拌，续煮至食材熟透。

5. 关火后将煮好的粥盛入碗中即可。

调理功效

　　蛋黄中含有蛋白质、维生素等营养物质，具有补充能量、提高新妈妈身体抵抗力的功效。将其搭配香菇制成粥，不仅味道鲜美，而且易于消化，适合新妈妈食用。

红薯牛奶甜粥

原料：

糯米100克，红薯300克，牛奶150毫升，熟鸡蛋1个

调料：

白砂糖25克

做法：

1. 砂锅中注入适量清水烧开，加入糯米、红薯，搅拌均匀。
2. 盖上盖，烧开之后转小火煮约40分钟，至材料煮熟。
3. 揭盖，加入牛奶、熟鸡蛋、白砂糖，稍稍搅拌，待粥煮沸即可关火。
4. 盛出煮好的甜粥，装在碗中即可。

调理功效

红薯富含膳食纤维，牛奶含有钙质，和糯米熬粥，粗细搭配，不仅口感甜糯软滑，而且不会增加新妈妈的肠胃负担，利于膳食平衡。

💜 100道科学月子餐新体验

红豆山药羹

🍴 原料：

水发红豆150克，山药200克

⬤ 调料：

白糖、水淀粉各适量

⬤ 做法：

1. 洗净去皮的山药切粗片，再切成条，改切成丁，备用。

2. 砂锅注水，倒入洗净的红豆，加盖，大火煮开后转小火煮40分钟。

3. 揭盖，放入山药丁，用小火续煮20分钟至食材熟透。

4. 加入白糖、水淀粉，拌匀，关火后盛入碗中即可。

调理功效

红豆含有蛋白质、糖类、B族维生素、钾、铁、磷等营养成分，具有健脾止泻、利尿消肿、清热解毒等功效，能帮助产后第二周的新妈妈排出体内多余的湿气。

核桃姜汁豆奶

原料：

核桃30克，姜片5克，豆浆100毫升

调料：

蜂蜜20克

做法：

1. 洗净的姜片切粒，核桃切碎，待用。
2. 将备好的姜粒和核桃碎倒入榨汁机中。
3. 加入豆浆，盖上盖，启动榨汁机，榨约15秒成豆奶。
4. 断电后揭开盖，将豆奶倒入杯中，淋上蜂蜜即可。

调理功效

核桃富含不饱和脂肪酸，能减少新妈妈体内对胆固醇的吸收。另外，本品还有润泽肌肤、保健大脑、提高记忆力等作用。

三、产后第三周，滋补饮食促泌乳

进入第3周，新妈妈的生活已经规律很多了，身体的不适感也较前两周少，大多数新妈妈的伤口已开始愈合，能够自己动手给宝宝洗澡、换尿布了。这时候可不要再一直躺在床上了，要开始做一些力所能及的事情，使身体慢慢习惯以后的正常生活。

饮食重点——"补"

①适当补钙。哺乳期妈妈丢失的钙较多，所以要多从外界摄取足量的钙，如在饮食中多添加牛奶、骨头汤等含钙丰富的食物及海鱼、蛋类等含维生素D丰富的食物，还可根据实际情况适当补充含钙制剂。

②多吃补养品进行催乳。到第3周，宝宝的食量增加，若奶水不足就会影响宝宝的生长，所以宜进食品种丰富、营养全面的催奶食物，如鲫鱼汤、猪蹄汤、排骨汤等。

③避免食用退奶食物。如韭菜、麦芽、大麦茶、人参、竹笋、薄荷等。

④避免食用有刺激性的食物。这一阶段，食用有刺激性的食物，不但影响自身的健康，还会使宝宝身体不适。如食用寒凉的食物，会造成宝宝腹泻；过量食用燥热的食物，会引发妈妈患上乳腺炎、尿道炎等。

日常护理细节

①进入月子第3周，要特别注意来自外界对乳房的压力。任何持久性的压力都会阻碍乳汁流通，导致乳房发炎或疼痛，如过紧或支撑力不够的胸罩、趴着睡觉、抱婴儿、婴儿躺在妈妈身上休息、喂奶时压住乳房等。

②这一周，新妈妈可以开始洗澡、洗头，但是新妈妈在洗澡的时候，要使浴室暖和、避风，室温要保持在20℃左右，水温宜保持在37~40℃，沐浴后要避免着凉或被风吹。洗头的时候不宜使用刺激性较大的洗发水，洗后要立即用吹风机吹干头发。

调理食谱推荐

燕麦花生小米粥

原料：
花生仁30克，小米15克，燕麦10克

调料：
冰糖30克

调理功效

　　花生仁含有的维生素K有止血的作用，对多种出血性疾病都有良好的止血功效，产后食用，有助于子宫修复，增强体质。

做法：

1. 往锅中倒入约900毫升清水，用大火烧热。

2. 倒入洗好的花生仁、小米，煮沸后倒入燕麦。

3. 盖上盖，转小火煮约40分钟至锅中材料熟透。

4. 揭开盖，倒入冰糖，煮约3分钟至冰糖溶化。

5. 取下盖子，搅拌几下，关火后盛出煮好的粥即可。

猪蹄姜

🥕 原料：

猪蹄块220克，鸡蛋2个，姜片少许

🥣 调料：

盐3克，老抽3毫升，料酒6毫升，甜醋、食用油各适量

🍲 做法：

1. 锅中注水烧开，放入洗净的猪蹄块，余去血渍，捞出沥干。
2. 砂锅置旺火上，注油烧热，撒上姜片，爆香，放入猪蹄块、料酒，炒匀。
3. 倒入甜醋、水、鸡蛋，加入老抽、盐，搅匀。
4. 盖上盖，烧开后转小火煮约65分钟至熟；揭盖，搅拌几下，盛出即可。

调理功效

　　猪蹄爽滑而不腻，含有胶原蛋白，能有效促进产后泌乳，还能增强皮肤弹性，延缓衰老，适合新妈妈食用。

黄豆焖鸡肉

🍲 原料：

鸡肉300克，水发黄豆150克，葱段、姜片、蒜末各少许

⚪ 调料：

盐、鸡粉各4克，生抽4毫升，料酒5毫升，老抽少许，水淀粉、食用油各适量

🔵 做法：

1. 把洗净的鸡肉斩成小块，放入碗中，淋上少许生抽、料酒，加入盐、鸡粉，拌匀入味。

2. 倒入水淀粉、食用油，拌匀上浆，腌渍15分钟。

3. 热锅注油，下入腌好的鸡块，炸至金黄色，捞出沥干，盛放在盘中，待用。

4. 锅中留少许油，倒入葱段、姜片、蒜末，炒香，放入炸好的鸡块。

5. 转小火，淋入生抽、老抽、料酒，炒匀炒香。

6. 注入适量清水，倒入洗净的黄豆，再加入盐、鸡粉，炒匀调味。

7. 盖上锅盖，煮沸后转小火，煮约20分钟至食材熟软。

8. 取下锅盖，用锅铲将食材翻炒均匀，收汁，盛出焖煮好的菜肴即可。

调理功效

　　黄豆中含有丰富的B族维生素和钙、磷、铁等矿物质，具有益气养血、健脾宽中、润燥消水的功效，产后第三周的新妈妈可以适当多吃一些。

虾仁菠菜面

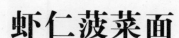 **原料：**

菠菜面70克，虾仁50克，菠菜、上海青各100克，胡萝卜150克

调料：

盐5克，鸡粉3克，水淀粉、食用油各适量

做法：

1. 洗净的上海青切段，洗净的菠菜切段，去皮洗净的胡萝卜切丝。

2. 将虾仁背部切开，去除虾线，装入碟中，加盐、鸡粉、水淀粉，腌渍入味。

3. 锅中注水烧开，加入食用油、上海青，加4克盐，煮至熟捞出，备用。

4. 放入菠菜面，搅拌匀，煮约2分钟至熟，加入胡萝卜，煮片刻至断生。

5. 放入菠菜，煮软，最后放入虾仁，加入鸡粉，拌匀。

6. 把煮好的面条和材料捞出，装入碗中，放入上海青即可。

调理功效

　　虾仁不仅蛋白质含量高，而且肉质松软，易消化，对身体虚弱及产后需要调养的新妈妈来说，虾仁是极好的调补食物。

香菇肉糜饭

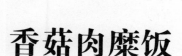 **原料：**

米饭120克，牛肉100克，鲜香菇30克，即食紫菜少许，高汤250毫升

调料：

生抽2毫升，盐少许，食用油适量

做法：

1. 把洗净的香菇切粒，牛肉剁成碎末。

2. 用油起锅，倒入牛肉末、香菇粒，炒松散，至其变色。

3. 注入高汤、生抽，加入盐，搅拌几下，使食材散开，再用中火煮片刻，至盐分溶化。

4. 倒入备好的米饭，搅散，拌匀，再转大火煮片刻。

5. 关火后将煮好的牛肉饭装在碗中，撒上即食紫菜即成。

调理功效

　　牛肉富含蛋白质、脂肪、维生素和磷、钙、铁等营养成分，营养价值很高，很适合产后需要补养的新妈妈食用。

紫菜鲜菇汤

🍴 原料：

水发紫菜180克，白玉菇60克，姜片、葱花各少许

⚫ 调料：

盐3克，鸡粉2克，胡椒粉、食用油各适量

⬤ 做法：

1. 将洗净的白玉菇切段，待用。

2. 锅中注入适量清水烧开，加入盐、鸡粉、胡椒粉、食用油。

3. 放入切好的白玉菇、紫菜、姜片，搅拌匀，用大火加热煮沸。

4. 将煮好的汤盛出，装入碗中，撒上少许葱花即成。

调理功效

　　紫菜富含钙、铁元素，可以为新妈妈补充充足的钙质，尤其适合产后需要哺乳的新妈妈滋补身体之用。

薏米茶树菇排骨汤

🍲 原料：

排骨280克，水发茶树菇80克，水发薏米70克，香菜、姜片各少许

⚫ 调料：

盐、鸡粉、胡椒粉各2克

⚫ 做法：

1. 泡好的茶树菇切成长段；锅中注水烧开，倒入排骨，氽去血水，捞出。

2. 砂锅注水烧开，倒入排骨、薏米、茶树菇、姜片，拌匀。

3. 盖上盖，大火煮开后转小火煮1小时。

4. 揭盖，加盐、鸡粉、胡椒粉，拌匀，装入碗中，摆放上香菜即可。

调理功效

　　排骨含有蛋白质、脂肪、维生素、磷酸钙、骨胶原、骨黏蛋白等营养成分，具有滋阴壮阳、益精补血等功效，可为新妈妈提供充足的营养。

西红柿木耳鱼片汤

🍴 原料：

西红柿90克，水发木耳40克，草鱼肉200克，姜片、葱花各少许

🥣 调料：

盐、鸡粉各4克，水淀粉6毫升，胡椒粉、五香粉、食用油各适量

🍲 做法：

1. 洗净的西红柿切成小块，草鱼肉切成双飞片，木耳切小块。

2. 把鱼片装碗，加盐、鸡粉、胡椒粉、水淀粉、食用油，腌渍10分钟。

3. 锅中注水烧开，加入盐、食用油、鸡粉，再倒入木耳、西红柿块、姜片。

4. 盖上盖，烧开后用中火煮3分钟，倒入鱼片，搅匀，煮至沸。

5. 放入适量五香粉，搅拌均匀，用勺撇去浮沫。

6. 把煮好的汤料盛出，装入碗中，撒上葱花即可。

调理功效

　　鱼肉肉质鲜嫩，木耳营养丰富，西红柿酸甜开胃，三者搭配熬制的鱼汤，口感丰富，益处颇多，适合月子期的新妈妈食用。

鲜奶猪蹄汤

原料：

猪蹄200克，红枣10克，牛奶80毫升，高汤适量

调料：

料酒5毫升

做法：

1. 锅中注水烧开，放入处理好的猪蹄、料酒，汆去血水，捞出过冷水。
2. 砂锅注入高汤烧开，放入猪蹄和红枣，搅拌匀。
3. 加盖，大火煮约15分钟，转小火煮约1小时，至食材软烂。
4. 打开锅盖，倒入牛奶，稍煮片刻，至汤水沸腾，盛出即可。

调理功效

　　猪蹄具有补虚弱、填肾精、安神助眠、美容护肤等功效，是适合产后食用的滋补食材之一，搭配牛奶炖汤，还能起到良好的催乳功效。

通草奶

🍶 原料：
通草15克，鲜奶500毫升

🥣 调料：
白糖5克

🍲 做法：

1. 锅置于火上，倒入鲜奶。

2. 加入通草，拌匀。

3. 大火煮约3分钟至沸腾。

4. 加入白糖，稍稍搅拌至入味。

5. 关火后将煮好的通草奶装入杯中即可。

调理功效

　　本品富含蛋白质、维生素、钙、铁等营养成分，可为母乳喂养的新妈妈提供丰富的营养，还具有增强免疫力、美容养颜等功效。

四、产后第四周，强化体能养身体

到第四周，新妈妈的生活基本上步入了正轨。很多人以为这一周开始可以正常活动、照顾孩子了，其实新妈妈还没有完全恢复。这一阶段，新妈妈要特别注意循序渐进与适度的原则，不能勉强自己做事，以保存体力，加速产后恢复。

饮食重点——"养"

①适当补充红糖，但不宜过量。新妈妈适量食用红糖有健脾暖胃、散寒活血的功效，但是过量食用会影响子宫复原，造成慢性失血性贫血。

②多进食富含维生素E和维生素B_1的食物，以缓解新妈妈产后气血两亏造成的眼睛干涩、进食少等问题。

③到第4周，宝宝易出现便秘的现象，母乳喂养的新妈妈应注意饮食均衡，不宜过多食用高蛋白质的食物，如牛肉、虾、鸡蛋等，应尽可能多吃蔬菜及水果。

④不要过多食用鸡蛋。鸡蛋虽然营养丰富、易消化，但不是吃得越多越好，过量食用鸡蛋会妨碍身体吸收其他营养素。

⑤喝汤吃肉要同时进行。新妈妈因要催奶，故会经常喝汤，但到这一时期，喝汤的同时也要吃肉，以补充营养，增强体质。

日常护理细节

①这一阶段的新妈妈因产后体内激素变化，会出现不同程度的眼花症状，所以要避免在强光或暗光的地方读书、看报，避免长时间注视某一物体。

②保持愉悦的心情，防止产后抑郁。产后一个月，是女性变化最大的一个月，很多新妈妈容易出现情绪低落、烦躁不安等现象。此时要做好应对措施。

③此时正处于伤疤恢复期，可能会出现瘙痒症状，在日常生活中，要保持疤痕处的清洁卫生，及时擦净汗液，不要用手去抓，以防加剧局部刺激。

冰糖梨子炖银耳

原料：

水发银耳150克，去皮雪梨半个，红枣5颗

调料：

冰糖8克

做法：

1. 将泡好的银耳去除根部，切小块；雪梨取果肉切小块。
2. 取出电饭锅，倒入切好的银耳、雪梨，倒入红枣和冰糖，加入适量清水，至没过食材。
3. 调至"甜品汤"状态，煮2小时至食材熟软入味。
4. 开盖，搅拌均匀，断电后将煮好的甜品汤装碗即可。

调理功效

　　雪梨、银耳搭配红枣，食材丰富，营养价值高，能够补中益气、调理新妈妈的体质，可将其作为月子期的加餐或下午茶。

枸杞百合蒸木耳

🥄 原料：

百合50克，枸杞5克，水发木耳100克

⬤ 调料：

盐1克，芝麻油适量

⬤ 做法：

1. 取空碗，放入发好的木耳。
2. 倒入洗净的百合、枸杞，淋入芝麻油，加入盐，搅拌均匀，装盘待用。
3. 备好已注水烧开的电蒸锅，放入食材，加盖，调好时间旋钮，蒸5分钟至熟。
4. 揭盖，取出蒸好的枸杞百合蒸木耳即可。

调理功效

　　木耳、枸杞、百合都是含有多种维生素和矿物质的营养食材，三者搭配蒸食，不仅味道清香，也能有效保留营养，新妈妈食用后能促进身体恢复。

肉末木耳

原料：

肉末70克，水发木耳35克，胡萝卜40克

调料：

盐少许，生抽、高汤、食用油各适量

做法：

1. 将洗净的胡萝卜、泡发好的木耳切粒。

2. 用油起锅，倒入肉末、生抽、胡萝卜、木耳，搅松散，炒香。

3. 倒入适量高汤、盐，拌炒匀，将锅中食材炒至入味。

4. 把炒好的菜肴盛出，装入碗中即可。

调理功效

木耳性平味甘，富含蛋白质、脂肪、多糖等营养元素，具有补血气及强壮身体的功能，新妈妈常食能增强机体免疫力，加速身体恢复。

腰果炒猪肚

原料：

熟猪肚丝200克，熟腰果150克，芹菜70克，红椒60克，蒜片、葱段各少许

调料：

盐2克，鸡粉3克，芝麻油、料酒各5毫升，水淀粉、食用油各适量

做法：

1. 洗净的芹菜切成小段；洗好的红椒切开，去籽，切成条。
2. 用油起锅，倒入蒜片、葱段，爆香，放入熟猪肚丝，炒匀。
3. 淋入料酒、水，加入红椒丝、芹菜段、盐、鸡粉，炒匀。
4. 倒入水淀粉、芝麻油，翻炒至食材入味。
5. 关火后盛出炒好的菜肴，装入盘中，加入熟腰果即可。

调理功效

　　猪肚含有蛋白质、脂肪、胆固醇、钙、钠、钾、磷、糖类等营养成分，具有益气补血、健脾益胃、增强抵抗力等功效，产后新妈妈可以多吃一些，促进身体恢复。

小白菜拌牛肉末

🍲 原料：

牛肉100克，小白菜160克，高汤100
毫升

🍶 调料：

盐少许，白糖3克，番茄酱15克，料
酒、水淀粉、食用油各适量

调理功效

　　本品有滋养脾胃、补中益气等功
效，尤其适合新妈妈滋补强身。

🍽 做法：

1. 将洗好的小白菜切段。

2. 洗净的牛肉切碎，剁成肉末。

3. 锅中注水烧开，加食用油、盐，放
   入小白菜，焯至熟，捞出沥干。

4. 用油起锅，倒入牛肉末、料酒，炒
   香，倒入高汤。

5. 加入番茄酱、盐、白糖，拌匀调味。

6. 倒入适量水淀粉，拌匀，将牛肉末
   盛在装好盘的小白菜上即可。

豌豆肉末面

🍲 原料：

细面条150克，豌豆120克，猪肉末60克，姜片、蒜末各10克，葱花5克

🥄 调料：

盐3克，食用油适量

调理功效

　　豌豆有通便、生津、通乳的功效，搭配猪肉食用，能增强新妈妈的体质，补充体力，促进其身体恢复。

🍽 做法：

1. 热锅注水煮沸，放入细面条，煮至熟软，放入备好的碗中，待用。

2. 热锅注油烧热，放入姜片、蒜末，爆炒出香味。

3. 放入猪肉末，翻炒至变色，放入豌豆，翻炒均匀。

4. 注水，放入盐，煮10分钟至熟。

5. 关火，将煮好的食材盛至装有面的碗中，撒上葱花即可。

虾饺

原料：

澄粉210克，虾仁、猪肉馅各80克，莴笋50克，姜末7克，面粉适量

调料：

盐、鸡粉各3克，胡椒粉2克，食用油适量

做法：

1. 洗净的莴笋切碎，洗净的虾仁切碎，待用。
2. 碗中放入猪肉馅、虾仁碎、姜末、盐、鸡粉、胡椒粉、食用油，拌匀。
3. 注水拌匀，放入莴笋碎，搅拌成馅料。
4. 碗中放入澄粉，边搅拌边注入适量温水，拌匀。
5. 将面粉放到案板上，揉成面团，醒20分钟，搓成长条，揪出数个小剂子。
6. 撒上澄粉，将剂子揉圆，用手压成饼状，再用擀面杖擀成圆片。
7. 在面片上放入馅料，包成饺子，放入蒸锅中，加盖蒸15分钟，取出即可。

调理功效

　　虾肉中富含优质蛋白质，制成虾饺，味道鲜美，且易于消化，可作为新妈妈的主食，帮助其调补身体。

胡萝卜南瓜粥

🎐 原料：

水发大米80克，南瓜90克，胡萝卜60克

⬤ 做法：

1. 洗净的胡萝卜、南瓜切粒，备用。
2. 砂锅中注水，倒入大米、南瓜、胡萝卜，搅拌均匀。
3. 盖上锅盖，烧开后用小火煮约40分钟至食材熟软。
4. 揭开锅盖，继续搅拌一会儿，关火盛出装碗即可。

调理功效

　　胡萝卜含有蔗糖、钾、钙等营养成分，搭配南瓜一起熬粥，不仅自带甘甜的口感，还具有增强免疫力、保护视力等功效，尤其适合产后第四周的新妈妈食用。

栗子蛋糕

原料：

蛋白140克，蛋黄、低筋面粉各70克，玉米淀粉55克，栗子馅、香橙果酱各适量

调料：

砂糖110克，塔塔粉3克，细砂糖30克，色拉油30毫升，泡打粉2克

做法：

1. 将蛋黄、细砂糖加入低筋面粉中，再加入玉米淀粉、泡打粉、水、色拉油，搅拌匀。
2. 另备容器，倒入蛋白、砂糖、塔塔粉，打发至鸡尾状，和做法1中的食材混合，搅拌均匀。
3. 准备烤盘，垫上烘焙纸，装入材料至八分满，放入烤箱，烤熟后取出。
4. 将香橙果酱均匀地抹在蛋糕上，再把蛋糕制成卷状，固定成型，均匀撒上栗子馅即可。

调理功效

　　本品味道鲜美，适合产后妈妈作为加餐的小点心，其中的蛋黄具有保护视力、增强免疫力等功效。

葡萄柚猕猴桃沙拉

原料：

葡萄柚200克，猕猴桃100克，圣女果70克

调料：

炼乳10克

做法：

1. 洗净的猕猴桃去皮，去除硬心，把果肉切片；葡萄柚去皮，切成块；洗好的圣女果切块。
2. 把切好的葡萄柚、猕猴桃装入碗中，挤入炼乳，搅拌均匀。
3. 取一个干净的盘子，摆上圣女果做装饰，将拌好的沙拉装入碗中即可。

调理功效

　　猕猴桃维生素C含量丰富，和葡萄柚搭配，口感酸甜，健脾开胃的同时还可以增强新妈妈的体力，可以作为加餐食用。

五、产后五到六周，养颜塑身两不误

到了第5周，新妈妈们就可以开始养颜塑身啦。从第5周开始，进行适时的瘦身运动、坚持母乳喂养是快速恢复的基本途径，同时搭配合理的饮食调养和适当的按摩，以保证体力、精力，为美丽加分。

饮食重点——加强补养

①这一阶段要养颜塑身，在饮食上就要清淡、少盐、少脂肪；其次还要细嚼慢咽、少吃零食，以便减少热量的摄入，防止肥胖。

②新妈妈产后需要大量营养，以补充产后哺乳需要，所以要保证摄入足够的营养素，多吃些鸡蛋、鸡汤、红枣、桂圆、莲子等食物，也宜多吃易消化的"稀而软"的食物。

③忌吃凉性的水果。水果能补充维生素、增进食欲，但是这一阶段的新妈妈还是不能食用偏凉性的水果，如西瓜、梨、哈密瓜、椰子等。

④禁止食用含酒精、咖啡因的食物。月子后期的新妈妈，尤其是哺乳的妈妈，要绝对禁止摄入含有酒精、咖啡因的食物，因为它们会影响宝宝的脑部发育，或使宝宝焦躁不安、难以入眠。

日常护理细节

①产后第5周的日常护理，可延续之前的护理方式，产后第6周首先应该去医院进行产后检查，了解身体的恢复状况，及时发现问题、解决问题。

②要想拥有好的身材，适度的运动是必须的，搭配一些简单的瘦腿、美胸运动，能使体形更加完美，但是运动要适度，不宜过度运动，以免造成运动伤害。

③适当而有针对性的按摩方式能帮助塑身。如进行腹部按摩，能够帮助小腹收缩；乳房按摩可以促进雌激素分泌，使乳房更加丰满、结实。

调理食谱推荐

菌菇蛋羹

🍴 原料：

香菇40克，鸡蛋液100克

🥄 调料：

盐、鸡粉各2克，食用油适量

调理功效

　　香菇是高蛋白、低脂肪的菌类食物，与鸡蛋同食，能让新妈妈合理摄入营养成分，且不会担心长胖。

🍽 做法：

1. 将洗净的香菇去蒂切条，再切成丁。

2. 热锅注油烧热，倒入香菇，加入盐、鸡粉，炒至入味，盛出待用。

3. 鸡蛋液搅散，倒入香菇，混匀，待用。

4. 将电蒸锅中注入适量清水，放入食材。

5. 盖上锅盖，调整旋钮，调至15分钟时间刻度。

6. 待蒸好后调整旋钮切断电源，掀开锅盖，将蒸蛋取出即可。

口蘑炖豆腐

原料：

口蘑170克，豆腐180克，姜片、葱碎、蒜末各少许

调料：

盐、鸡粉各1克，胡椒粉2克，老抽2毫升，生抽、水淀粉各5毫升，蚝油3克，食用油适量

做法：

1. 洗净的豆腐切成三角状，口蘑切片，备用。

2. 往沸水锅中倒入切好的口蘑片，焯1分钟至断生，捞出，沥干，装入盘中，待用。

3. 用油起锅，倒入葱碎、姜片和蒜末，爆香。

4. 放入焯好的口蘑片，淋上蚝油、生抽，翻炒数下。

5. 注入少许清水，至没过锅底，倒入豆腐，加入盐，加盖，炖15分钟至食材熟软。

6. 揭盖，加入鸡粉、胡椒粉、老抽，淋入水淀粉，搅匀调味，煮片刻至入味收汁。

7. 关火后盛出装盘即可。

调理功效

口蘑富含膳食纤维和维生素D，豆腐钙质含量丰富，两者搭配，产后新妈妈经常食用可以强健骨质、美容养颜。

板栗煨白菜

原料：

白菜400克，板栗肉80克，高汤180毫升

调料：

盐2克，鸡粉少许

做法：

1. 将洗净的白菜切瓣，备用。
2. 锅中注水烧热，倒入高汤、板栗肉，拌匀，用大火略煮。
3. 待汤汁沸腾，放入白菜、盐、鸡粉，拌匀调味。
4. 用小火煮约15分钟，至食材熟透，撇去浮沫。
5. 关火后盛出煮好的菜肴，装入盘中，摆好即可。

调理功效

　　白菜含有膳食纤维、胡萝卜素等营养成分，加入同样营养价值较高的板栗，新妈妈既可以满足产后对营养素的需求，还不会因为摄入过多脂肪而担心变胖。

金针菇拌豆干

原料：

金针菇85克，豆干165克，彩椒20克，蒜末少许

调料：

盐、鸡粉各2克，芝麻油6毫升

做法：

1. 洗净的金针菇切去根部，洗净的彩椒切细丝，豆干切粗丝，备用。

2. 锅中注水烧开，倒入豆干，拌匀，略煮一会儿，捞出沥干水分，待用。

3. 另起锅，注水烧开，倒入金针菇、彩椒，拌匀，煮至断生后捞出待用。

4. 取一个大碗，倒入金针菇、彩椒、豆干，撒上蒜末。

5. 加入盐、鸡粉、芝麻油，拌匀。

6. 将拌好的菜肴装入碗中即成。

调理功效

豆干作为豆类食品，可以为新妈妈提供优质植物蛋白，加入金针菇调拌，口感清爽，可以增加新妈妈的食欲，并增强新妈妈的免疫力。

肉末包菜

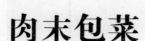 原料：

包菜200克，肉末70克，姜末、蒜末各少许

○ 调料：

盐3克，鸡粉2克，料酒、生抽各2毫升，水淀粉3毫升，食用油适量

○ 做法：

1. 将洗净的包菜切成小块，装入盘中待用。
2. 锅中注水烧开，放入食用油、盐，倒入包菜，搅匀，煮至熟捞出。
3. 用油起锅，倒入肉末，炒至转色，淋上料酒、生抽，炒匀。
4. 倒入姜末、蒜末、包菜，加水翻炒片刻，放入盐、鸡粉，用大火收汁。
5. 倒入水淀粉，迅速拌炒至入味。
6. 关火，将炒好的菜盛出，装入碗中即可。

调理功效

　　包菜含有维生素A、钙和磷，肉末能满足新妈妈对于动物性脂肪的需求，本菜荤素搭配，色香味俱全，有利于新妈妈的身材恢复。

双菇炒鸭血

🍴 原料：

鸭血150克，口蘑70克，草菇60克，姜片、蒜末、葱段各少许

⭕ 调料：

盐3克，鸡粉2克，料酒4毫升，生抽5毫升，水淀粉、食用油各适量

⬤ 做法：

1. 草菇切小块，口蘑切粗丝，鸭血切成小方块，备用。

2. 锅中注水烧开，加入盐、草菇、口蘑，焯至断生，捞出沥干。

3. 用油起锅，放入姜片、蒜末、葱段，爆香。

4. 放入焯过的食材，淋入料酒、生抽，翻炒至七成熟。

5. 倒入鸭血块，注水没过食材，加入盐、鸡粉，炒匀调味。

6. 续煮至全部食材熟透，转大火收汁，倒入水淀粉，快速翻炒匀。

7. 关火后盛出炒好的菜肴，装在碗中即成。

调理功效

　　鸭血口感较嫩，富含铁、钙等矿物质，加入口蘑和草菇，新妈妈食用可以起到清热解毒、滋补强身的作用。

鱼头菠菜炖豆腐

原料：

鱼头300克，菠菜100克，豆腐200克，姜片、葱段各少许

调料：

盐、鸡粉各2克，食用油适量

做法：

1. 洗净的豆腐切块，备用。
2. 用油起锅，放入处理好的鱼头，用小火煎至两面断生。
3. 注水，倒入豆腐、姜片、葱段，拌匀，煮开后转小火煮至食材熟软。
4. 放入菠菜，搅匀，用小火续煮约5分钟，加入盐、鸡粉，调味。
5. 关火后盛出煮好的菜肴，装入碗中即可。

调理功效

　　菠菜含有蛋白质、胡萝卜素等营养成分，加入豆腐和鱼头，既能满足新妈妈的营养需求，同时脂肪含量较低，有利于产后新妈妈身材恢复。

莲藕西蓝花菜饭

🫚 原料：

去皮莲藕80克，水发大米150克，西蓝花70克

🍲 做法：

1. 洗净去皮的莲藕切丁，洗净的西蓝花切小块，待用。

2. 热锅中倒入莲藕丁，翻炒数下，放入泡好的大米，翻炒2分钟。

3. 注入适量清水，搅匀。

4. 加盖，用大火煮开后转小火焖30分钟至食材熟透。

5. 揭盖，倒入西蓝花，搅匀，续焖10分钟至食材熟软、水分收干。

6. 盛出焖好的莲藕西蓝花菜饭，装碗即可。

调理功效

　　富含铁、钙的莲藕与富含维生素C、叶酸的西蓝花搭配制成饭，产后五到六周的新妈妈食用能增强免疫力、补虚养血。

香浓牛奶炒饭

🍲 原料：

米饭200克，青豆50克，玉米粒45克，洋葱35克，火腿55克，胡萝卜40克，牛奶80毫升，高汤120毫升

⭕ 调料：

盐、鸡粉各2克，食用油适量

⚪ 做法：

1. 洋葱、火腿切粒，胡萝卜切丁。
2. 锅中注水烧开，倒入洗净的青豆、玉米粒，搅匀，焯片刻捞出，沥干。
3. 热锅注入适量食用油烧热，倒入焯过水的食材和火腿、胡萝卜、洋葱，快速翻炒片刻。
4. 倒入米饭，炒至松散，注入牛奶、高汤，加盐和鸡粉，炒匀，翻炒出香味。
5. 关火后将炒好的饭盛出，装入盘中即可。

调理功效

　　本菜色泽丰富，口味清淡，带有牛奶的特有香味，还含有丰富的营养物质，产后五到六周食用，有补肝养胃、强壮体质的功效。

豆腐牛肉饭

原料：

水发大米150克，牛肉80克，豆腐90克

做法：

1. 洗净的牛肉切碎，待用。

2. 砂锅置火上，倒入清水烧热，放入牛肉碎、大米。

3. 加盖，用大火煮开后转小火续煮20分钟至大米微软。

4. 揭盖，放入洗好的豆腐并捣碎，续煮10分钟至食材熟软。

5. 关火后盛出煮好的饭，装碗即可。

调理功效

牛肉富含蛋白质、铁元素，能有效增强新妈妈的体质，还可以改善产后消化问题；既保证了月子期的营养摄入，还不会造成过多的脂肪摄入。

鲫鱼黄芪生姜汤

🥬 **原料：**

净鲫鱼400克，老姜片40克，黄芪5克

⚫ **调料：**

盐、鸡粉各2克，米酒5毫升，食用油适量

🔵 **做法：**

1. 烧热炒锅，注入食用油烧热，下入老姜片，爆香。

2. 放入鲫鱼，用小火煎一会儿至散发出香味，翻转鱼身，再煎至鲫鱼断生。

3. 关火后盛出鲫鱼，沥干油后装盘，备用。

4. 砂锅中注入1000毫升清水烧开，下入洗净的黄芪。

5. 盖上盖，用小火煮约20分钟；揭开盖，倒入鲫鱼、米酒，拌匀调味。

6. 盖好盖，用大火煮沸后转小火续煮约20分钟至食材熟透。

7. 取下盖子，调入盐、鸡粉，拌匀，用大火煮片刻至入味，装盘即可。

调理功效

　　本品蛋白质含量丰富，可改善脾胃功能，促进新妈妈的消化吸收，还有补虚通乳的功效，可以活血通络，减少新妈妈产后的身体不适。

胡萝卜玉米排骨汤

原料：

排骨300克，玉米段200克，去皮胡萝卜100克，姜片、葱花各10克

调料：

盐3克，陈醋3毫升，料酒4毫升

做法：

1. 胡萝卜切块；排骨装碗，倒入料酒拌匀，腌渍10分钟去除腥味。
2. 取出电饭锅，倒入排骨、胡萝卜、玉米段、姜片、盐和陈醋。
3. 加水没过食材，盖上盖，煮150分钟至食材熟软入味。
4. 打开盖子，断电后将煮好的汤装碗，撒上葱花即可。

调理功效

本菜荤素、粗细搭配，其中胡萝卜含有丰富的胡萝卜素、钙等营养成分，能促进食物的消化吸收，还可清理肠道、缓解便秘，适合产后五至六周的新妈妈食用。

鸡肉牛蒡粥

原料：

水发大米95克，去皮牛蒡45克，鸡胸肉55克

做法：

1. 洗净的牛蒡、鸡胸肉切碎，备用。

2. 砂锅中注水，放入切碎的牛蒡、鸡胸肉和水发大米，炒至食材转色。

3. 加水，搅匀，用大火煮开后转小火煮30分钟至食材熟软。

4. 关火后盛出煮好的粥，装碗即可。

调理功效

　　牛蒡有促进肠胃蠕动、降血糖、增强免疫力等功效，大米、鸡胸肉可以为新妈妈提供充分的营养物质，三者搭配，适合新妈妈食用。

鸡肝粥

原料：

鸡肝200克，水发大米500克，姜丝、葱花各少许

调料：

盐1克，生抽5毫升

做法：

1. 洗净的鸡肝切条。

2. 砂锅注水，倒入泡好的大米，拌匀。

3. 加盖，用大火煮开后转小火续煮40分钟至熟软。

4. 揭盖，倒入鸡肝，拌匀；加入姜丝，拌匀；放入盐、生抽，拌匀。

5. 加盖，稍煮5分钟至鸡肝熟透；揭盖，放入葱花，拌匀。

6. 关火后盛出煮好的鸡肝粥，装碗即可。

调理功效

鸡肝中蛋白质、钙、铁等营养物质丰富，可有效促进母乳的分泌，还具有补血、加强脏腑功能的作用，产后食用，还能使皮肤变得更有光泽。

黑芝麻花生豆浆

⊕ 原料：

黄豆50克，花生仁、黑芝麻各30克

⊙ 调料：

冰糖适量

⊙ 做法：

1. 将已浸泡8小时的黄豆倒入碗中，放入花生仁。

2. 加入适量清水，用手搓洗干净，倒入滤网中，沥干水分。

3. 把洗好的黄豆和花生仁倒入豆浆机中。

4. 放入备好的黑芝麻，加入冰糖，注水至水位线。

5. 盖上豆浆机机头，选择"五谷"程序，再选择"开始"键，开始打浆。

6. 待豆浆机运转约15分钟，即成豆浆。

7. 将豆浆机断电，取下机头，滤取豆浆。

8. 将豆浆倒入杯中，用汤匙捞去浮沫即可。

调理功效

　　黑芝麻含有氨基酸、维生素、卵磷脂等营养成分，具有益肝、补肾、养血、润燥、乌发、美容等作用，是新妈妈极佳的保健美容食品。

花生红枣豆浆

🍲 原料：

水发黄豆100克，水发花生仁120克，红枣20克

🍶 调料：

白糖适量

⬤ 做法：

1. 将洗净的红枣取果肉，切成小块。

2. 取豆浆机，倒入浸泡好的花生仁和黄豆。

3. 放入切好的红枣，撒上白糖，拌匀。

4. 注入适量的清水，至水位线即可。

5. 盖上豆浆机的机头，选择"五谷"程序，再选择"开始"键，开始打浆，待其运转约15分钟。

6. 断电后取下机头，倒出煮好的豆浆，装入碗中即成。

调理功效

　　花生含有蛋白质、不饱和脂肪酸、维生素A、维生素B_6、维生素E等营养成分，具有益气补血、增强记忆力、醒脾和胃等功效，本品可以作为产后新妈妈的加餐饮品。

猕猴桃橙奶

原料：

橙子肉80克，猕猴桃50克，牛奶150毫升

做法：

1. 将去皮洗净的猕猴桃切成丁，橙子肉切成小块。
2. 取榨汁机，杯中倒入切好的橙子、猕猴桃和牛奶，榨成汁。
3. 把榨好的猕猴桃橙奶倒入杯中即可。

调理功效

橙子含有丰富的维生素C、纤维素和果胶，可以促进肠道蠕动，利于清肠通便，排出体内的有害物质，想要产后恢复身材的新妈妈可以多吃一些。

果味酸奶

原料：

酸奶250毫升，苹果35克，草莓25克

做法：

1. 洗好的草莓、苹果切小块，备用。

2. 将酸奶倒入碗中，放入切好的草莓、苹果，搅拌均匀。

3. 把拌好的材料倒入杯中即可。

调理功效

　　苹果不仅含有丰富的糖类、维生素和矿物质等人体必需的营养素，而且富含锌元素，可以润肺除烦、健脾益胃，新妈妈可以多食用。

玫瑰山药

原料：

去皮山药150克，奶粉20克，玫瑰花5克

调料：

白糖20克

做法：

1. 取出已烧开上气的电蒸锅，放入山药。

2. 加盖，调好时间旋钮，蒸20分钟至熟。

3. 揭盖，取出蒸好的山药，装进保鲜袋，倒入白糖、奶粉。

4. 将山药压成泥状，装盘。

5. 取出模具，逐一填满山药泥，用勺子稍稍按压紧实。

6. 待山药泥稍定型后取出，反扣入盘中，撒上掰碎的玫瑰花瓣即可。

调理功效

　　本品具有安心神、缓和情绪、滋阴、活血化瘀、美容养颜的功效，适合想要恢复身材的新妈妈食用，还有助于改善睡眠。

缤纷牛肉粒

🍖 原料：

牛肉200克，胡萝卜、豌豆各40克，玉米粒、洋葱各50克

🍶 调料：

盐、鸡粉各3克，蚝油10克，水淀粉5毫升，料酒、食用油各适量

调理功效

　　牛肉含有脂肪、膳食纤维等营养成分，可促进肠胃蠕动，满足新妈妈的营养需求。

😊 做法：

1. 洗净的胡萝卜切丁，处理好的洋葱切块，处理好的牛肉切粒。

2. 牛肉装入碗中，放入盐、料酒、水淀粉，拌匀，腌渍10分钟。

3. 锅中注水烧热，倒入豌豆、胡萝卜、玉米粒，拌匀，焯至断生，捞出沥干。

4. 热锅注油烧热，倒入牛肉、洋葱、蚝油，翻炒片刻。

5. 加入焯好水的食材，放盐、鸡粉，炒匀。

6. 关火，将炒好的牛肉盛入盘中即可。

六、花样功能餐，助你做健康新妈妈

除了分阶段调养外，有的新妈妈自身还可能存在很多问题，需要用饮食来调节，比如，奶水不足的新妈妈需要催乳，胃口不好的新妈妈需要开胃消食，体质虚弱的新妈妈需要加强补身，为此，我们特别推荐以下的花样功能餐。

催乳下奶，让宝贝口粮充足

许多新妈妈不相信只靠自己的乳汁就能喂饱宝宝，其实，不论女性乳房的形状、大小如何，都能制造出足够的乳汁，带给宝宝丰富的营养。不过，新妈妈在喂奶的过程中会很辛苦，因为母乳易于消化和吸收，通常采用按需喂养，即宝宝饿了就要喂，大约每隔两小时就要喂一次。除了家人的支持和关爱，新妈妈食用一些具有催奶功效的食物也是非常重要的。

开胃消食，让妈妈有好食欲

无论是顺产还是剖宫产，新妈妈在最初几日都会感觉身体虚弱、胃口比较差。特别是有些新妈妈，担负着照顾新生儿的压力，睡眠不足、情绪激动、担心身材等，很容易出现食欲不振的现象，再加上月子期活动量少，不容易感到饥饿，因此在坐月子期间无法获得充足的营养补充，这对身体健康和产后恢复是极为不利的。建议新妈妈在这一阶段多吃一些能够开胃消食的食材，搭配清淡的荤食，如肉片、肉末等，另外，橙子、柚子、猕猴桃等水果也有很好的开胃作用。

饮食调理，赶走体虚

分娩对于新妈妈来说是一件很辛苦的事情，还会导致元气大伤，这种情况之下，即使新妈妈的体质再好也会造成产后一定程度的体虚。因此，新妈妈一定要注意调理，让自己拥有一个健康的身体，用饮食赶走体虚的状态。

Je suis
contente

蛤蜊蒸蛋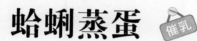

原料：

鸡蛋2个，蛤蜊肉90克，姜丝、葱花各少许

调料：

盐1克，生抽7毫升，料酒、芝麻油各2毫升

做法：

1. 将余过水的蛤蜊肉装入碗中，放入姜丝、料酒、生抽、芝麻油，拌匀。

2. 将鸡蛋打入另一个碗中，加入盐，打散，倒入少许清水，持续搅拌片刻。

3. 将碗放入烧开的蒸锅中，盖上盖，用小火蒸10分钟。

4. 揭开盖，在鸡蛋上放上蛤蜊肉，用小火再蒸2分钟。

5. 取出食材，淋上少许生抽，撒上葱花即可。

调理功效

　　本品含有丰富的蛋白质、铁、钙等营养素，可为哺乳期的新妈妈补益身体，使新妈妈的乳汁更丰盈。

浇汁鲈鱼 催乳

🍶 原料：

鲈鱼270克，豌豆90克，胡萝卜60克，玉米粒45克，姜丝、葱段、蒜末各少许

🫙 调料：

盐2克，番茄酱、水淀粉各适量，食用油少许

调理功效

　　鲈鱼含有蛋白质、维生素A、钙、镁、锌等营养成分，可为哺乳期的新妈妈补充丰富的营养。

🍳 做法：

1. 将鲈鱼加盐、姜丝、葱段，腌15分钟。

2. 将鲈鱼切开，去除鱼骨，把鱼肉两侧切条，放入蒸盘；胡萝卜洗净，切丁。

3. 锅中注水烧开，倒入胡萝卜、豌豆、玉米粒，煮至断生，捞出沥干。

4. 蒸锅上火烧开，放入蒸盘，加盖蒸15分钟；揭盖，取出蒸盘，放凉待用。

5. 用油起锅，爆香蒜末，放入食材，炒匀。

6. 放入番茄酱、水、水淀粉，调成菜汁，浇在鱼身上即可。

鲫鱼豆腐汤

🍴 原料：

鲫鱼200克，豆腐100克，葱花、葱段、姜片各少许

🥄 调料：

盐、鸡粉、胡椒粉各2克，料酒10毫升，食用油适量

调理功效

　　鲫鱼和豆腐都是富含优质蛋白质的常见食材，搭配炖汤，汤浓且鲜，是适合产后新妈妈食用的催乳汤品。

🥢 做法：

1. 豆腐切成小块；处理干净的鲫鱼两面打上一字花刀，待用。

2. 用油起锅，倒入鲫鱼，稍煎一下，放上姜片、葱段，翻炒爆香。

3. 淋上料酒，注入清水，倒入豆腐块，大火煮开后转小火煮至汤色变白。

4. 加入盐、鸡粉、胡椒粉，拌匀入味。

5. 关火后将煮好的汤盛入碗中，撒上备好的葱花即可。

南瓜豌豆牛肉汤 催乳

🍲 原料：

牛肉150克，南瓜180克，口蘑30克，豌豆70克，姜片、香叶各少许

🥣 调料：

盐、鸡粉各2克，料酒6毫升

调理功效

　　牛肉含有蛋白质、B族维生素、胆固醇、磷、钙、铁等营养成分，产后新妈妈常食不仅能催乳，还能安中补脾、养胃益气、强壮身体。

🍳 做法：

1. 洗净的口蘑切块，洗净去皮的南瓜切片，处理好的牛肉切片。

2. 锅中注水烧开，放入洗好的豌豆、口蘑、南瓜，焯半分钟，捞出沥干。

3. 倒入切好的牛肉，余至转色，把牛肉捞出，沥干水分，待用。

4. 砂锅中注水烧热，放入姜片、香叶、牛肉，淋入料酒。

5. 放入焯好的食材，盖上锅盖，烧开后转小火炖20分钟至熟。

6. 揭开锅盖，放入鸡粉、盐，搅匀调味，关火后将汤盛出，装入碗中即可。

猪蹄通草粥

🍲 原料：

猪蹄350克，水发大米180克，通草2克，姜片少许

⚪ 调料：

盐2克，白醋4毫升

调理功效

　　猪蹄含有多种营养成分，可改善身体微循环，同时具有很好的下奶功效，与通草同煮，口味清淡、易于吸收。

⚙ 做法：

1. 砂锅中注水烧开，倒入猪蹄块、白醋，大火煮沸，汆去血水。

2. 把汆过水的猪蹄捞出，备用。

3. 砂锅中注水烧开，倒入猪蹄、姜片、通草和泡发好的大米，拌匀。

4. 盖上盖，烧开后用小火炖煮30分钟至大米熟烂。

5. 揭盖，加入盐，拌匀调味。

6. 把粥盛出，装入碗中即可。

虾米干贝蒸蛋羹

🍲 **原料：**

鸡蛋120克，水发干贝40克，虾米90克，葱花少许

🥣 **调料：**

生抽5毫升，芝麻油、盐各适量

调理功效

　　虾米含有钾、碘等营养成分，搭配干贝蒸蛋，具有补充钙质、开胃消食等功效，适合胃口不佳的新妈妈食用。

🍳 **做法：**

1. 取一碗，打入鸡蛋，加盐、温水，调成蛋液，放入蒸碗中。

2. 蒸锅中注水烧开，放入蒸碗，盖上锅盖，中火蒸5分钟至熟。

3. 开盖，撒上虾米、干贝，续蒸3分钟至入味，取出蒸好的蛋羹。

4. 淋上生抽、芝麻油，再撒上少许葱花即成。

牛奶藕粉

🍚 原料：

鲜牛奶300毫升，藕粉20克

调理功效

　　牛奶含钙较多，搭配含植物蛋白、维生素、铁等营养成分的藕粉，口感香滑，新妈妈食用有补益气血、健脾开胃等功效。

🍲 做法：

1. 把部分牛奶倒入藕粉中，拌匀，备用。

2. 锅置火上，倒入余下的牛奶，煮开后关火，待用。

3. 锅中倒入调好的藕粉，拌匀。

4. 再次开火，煮约2分钟，用锅勺搅至其呈现糊状。

5. 关火后盛出煮好的牛奶藕粉，装入碗中即成。

鸡蛋西红柿粥

原料：

水发大米110克，鸡蛋50克，西红柿65克

调料：

盐少许

调理功效

　　西红柿与鸡蛋一起煮粥，健脾开胃，还可为新妈妈提供能量，使身体加速恢复。

做法：

1. 洗好的西红柿切成丁；鸡蛋打入碗中，制成蛋液，备用。

2. 砂锅中注入适量清水烧开，倒入洗好的大米，搅散。

3. 盖上锅盖，烧开后用小火煮约30分钟至大米熟软。

4. 揭盖，倒入西红柿丁；加盖，转中火煮至熟软。

5. 揭盖，转大火，加盐，搅匀调味。

6. 倒入蛋液，煮出蛋花，关火后盛出即可。

滑炒鸭丝 改善体虚

原料：

鸭肉160克，彩椒60克，香菜梗、姜末、蒜末、葱段各少许

调料：

盐3克，鸡粉1克，生抽、料酒各4毫升，水淀粉、食用油各适量

调理功效

　　鸭肉有清虚劳之热、补血行水、养胃生津的功效，适合产后虚弱的新妈妈食用。

做法：

1. 将洗净的彩椒切条，洗好的香菜梗切段。

2. 洗净的鸭肉切丝，装碗，加生抽、料酒、盐、鸡粉、水淀粉、食用油，腌渍入味。

3. 用油起锅，下入蒜末、姜末、葱段，爆香，放入鸭肉丝、料酒，炒香。

4. 倒入生抽、彩椒，拌炒匀，放入盐、鸡粉，调味。

5. 倒入适量水淀粉勾芡，放入香菜段，翻炒均匀。

6. 将炒好的菜盛出，装入盘中即可。

枸杞木耳乌鸡汤 改善体虚

原料：

乌鸡400克，木耳40克，枸杞
10克，姜片少许

调料：

盐3克

调理功效

乌鸡有增强免疫力、益肾养
阴、强筋健骨之效，搭配枸杞炖
汤，可有效改善体虚状况。

做法：

1. 锅中注水，用大火烧开，倒入备好的乌
   鸡，余去血沫，捞出。

2. 砂锅注水烧热，倒入乌鸡、木耳、枸杞、
   姜片，搅拌匀。

3. 盖上锅盖，煮开后转小火续煮2小时至食
   材熟透。

4. 掀开锅盖，加盐，搅拌片刻，将煮好的汤
   品装入碗中即成。

党参枸杞茶

🍵 原料：

党参15克，枸杞8克，姜片20克

调理功效

　　党参有增强免疫力、扩张血管、降血压、改善微循环、增强造血功能等作用，能补充新妈妈分娩时流失的血液和消耗的体力，改善体虚状况。

🥣 做法：

1. 砂锅中注入适量清水烧开。

2. 放入洗净的党参、姜片。

3. 盖上盖，用小火煮20分钟，至其析出有效成分。

4. 揭盖，放入枸杞，搅拌均匀，煮1分钟至其熟透。

5. 将煮好的茶水装入杯中即可。

第四章

月子病调理锦囊：助力新妈妈

成功养成健康体质

生产时的疼痛、起夜喂奶的劳累，让新妈妈的身体备受考验，产后各种各样的不适和疾病还会伺机侵袭新妈妈的身体，产后失眠、便秘、乳腺炎等问题，新妈妈一定不会陌生。本章就来详细介绍如何预防和缓解新妈妈的产后不适。

一、产后恶露不尽

生产后，新妈妈的身体虚弱，需要精心调养，稍有不慎，许多产后问题就扑面而来了。产后恶露不尽就是困扰着许多新妈妈的一大问题。一般分为血性恶露、浆液恶露和白色恶露，具体的病因和应对方法如下。

病症解析

在产后，新妈妈的阴道里会流出一些分泌物，有血液、坏死的蜕膜组织和宫颈黏液等，这就是恶露。恶露流出在产后是正常的生理现象，但如果恶露超过3周仍未排尽，就要引起注意了，应该及时就医。

产后恶露不尽的临床表现常分为组织物残留、宫腔感染和宫缩乏力三种。因为妊娠月份较大，子宫肌瘤或手术操作不当，导致妊娠组织物不能完全清除，留于宫腔内；产后盆浴、卫生巾不洁、产后即行房事等不正确行为，造成宫腔感染；身体虚弱、生产时间过长或产后没有得到休息，导致宫缩乏力等，都会造成新妈妈产后恶露不尽。

日常护理

新妈妈产后如果不注意休息、不讲究卫生、情绪不好等都可造成产生恶露不尽，因此，恶露不尽的调养就应从养成产后良好的生活习惯和调整心情开始。

①保持阴部清洁。新妈妈在处理恶露前应先将手洗干净，可用一次性消毒纸巾或药棉擦拭阴道和肛门处进行消毒，但要避免碰触伤口，要及时更换卫生巾和内裤。

②食物要新鲜。恶露排出期间，饮食宜清淡，多吃新鲜的蔬菜和水果，使新妈妈得到足够的营养补充，有利于子宫恢复，从而加速体内恶露的排出。

③母乳喂养利于恶露排出。当宝宝吸吮妈妈的乳头时，还会刺激脑下垂体后叶分泌缩宫素，有助于新妈妈子宫的恢复，促进恶露的排出。

调理食谱推荐

益气养血茶

🍲 原料：

人参片4克，麦冬10克，熟地15克

调理功效

　　人参、麦冬、熟地的搭配，是益气、生津、摄血的组合，能缓解产后体质虚弱、正气不足所致的产后恶露不尽。

⚪ 做法：

1. 砂锅中注水烧开，倒入洗好的人参片、麦冬、熟地。

2. 盖上盖，用小火煮20分钟，至其析出有效成分。

3. 关火后揭开盖子，把煮好的药茶盛入杯中即可。

板栗红枣小米粥

🌾 **原料：**

板栗仁、水发小米各100克，红枣6颗

🍶 **调料：**

冰糖20克

调理功效

　　板栗可养胃健脾、补肾强筋、活血止血，与小米和红枣同食，能防治新妈妈因产后气血虚弱所致的恶露不尽。

⚪ **做法：**

1. 砂锅中注入适量清水烧开，倒入小米、红枣、板栗仁，拌匀。

2. 加盖，小火煮30分钟至食材熟软。

3. 盖上盖子，放入冰糖，搅拌约2分钟至冰糖溶化。

4. 关火，将煮好的粥盛出，装入碗中即可。

山楂炒肉丁

🏺 原料：

猪瘦肉150克，香菇、山楂各30克，姜片、葱段各少许

🥣 调料：

盐、鸡粉各2克，料酒4毫升，水淀粉8毫升，食用油适量

🍳 做法：

1. 洗净的香菇切块；山楂去核，切块；洗净的猪瘦肉切丁。

2. 将猪瘦肉丁装碗，加盐、鸡粉、水淀粉、食用油，腌渍10分钟。

3. 锅中注水烧开，加盐、鸡粉，略煮片刻。

4. 放入香菇、山楂，煮至断生，捞出。

5. 热锅注油，倒入姜片、葱段，爆香。

6. 放入猪瘦肉丁、料酒，倒入山楂、香菇、鸡粉、盐、水淀粉，勾芡。

7. 关火后盛出即可。

调理功效

山楂含有蛋白质、糖类、维生素C、苹果酸、钙、铁等营养成分，具有降血糖、活血化瘀等功效，产后恶露不尽的新妈妈可以适量食用，促进恶露排出。

二、产后便秘

产后便秘是最常见的产后病之一。便秘困扰让人苦不堪言，尤其是处于哺乳期的新妈妈们。产后便秘虽不会带来生命危险，但往往会在一定程度上影响新妈妈和宝宝的健康。因此，应及时防治。

病症解析

一旦在产后超过3天未排大便，就应注意便秘的出现，如果便秘持续3天以上，则一定要请医生予以适当的处理。产后便秘的出现和以下因素有关。

产后，新妈妈的腹肌和盆底肌肉松弛，造成收缩无力，使腹压减弱，而且新妈妈经历过生产后，身体很虚弱，排便时使不出力气，从而造成便秘。或者新妈妈吃的肉食偏多，蔬菜摄入的较少，不活动、上火等都有可能造成新妈妈产后便秘。可以多吃可促进肠胃蠕动的食物，并加强日常护理。

日常护理

新妈妈要适当地卧床休息，不可过度劳累，并配合适量的运动，加速身体的恢复。注意饮食上的调养，以免引起腹痛、痔疮等并发症。

①注意饮食合理搭配。新妈妈产后应多吃易消化的食物，多喝汤，适当饮水，注意荤素合理搭配、粗细搭配，摄入一定量的新鲜蔬菜和水果。忌食辣椒、油炸食品等刺激性食物。

②坚持适当的运动。新妈妈虽然要注意休息，但不可整日卧床，适当的运动有利于促进新妈妈肠道蠕动。可以练习缩肛运动，锻炼盆底肌肉，使肛门血液回流，以促进排便。

③合理使用药物。新妈妈要在医生的指导下使用开塞露或其他缓泻剂。还可以咨询医生后，服用一些中药来达到润燥通便的作用。

调理食谱推荐

莴笋筒骨汤

原料：

去皮莴笋200克，筒骨500克，黄芪、枸杞、麦冬各30克，姜片少许

调料：

盐、鸡粉各1克

调理功效

　　莴笋含有大量植物纤维素，能促进肠壁蠕动、通利消化道、帮助大便排泄。

做法：

1. 莴笋切滚刀块。

2. 沸水锅中放入洗净的筒骨，汆去腥味和脏污，捞出沥干。

3. 砂锅中注水烧热，放入筒骨、麦冬，加入黄芪、姜片，搅匀。

4. 加盖，用大火煮开后转小火续煮2小时。

5. 揭盖，倒入切好的莴笋，搅匀，加盖，续煮20分钟至莴笋熟软。

6. 揭盖，放入枸杞，搅匀，加盐、鸡粉，稍煮片刻至枸杞味道析出，装碗即可。

菠菜鸡蛋干贝汤

🍲 原料：

牛奶200毫升，菠菜段150克，干贝10克，蛋清80克，姜片少许

🥄 调料：

料酒8毫升，食用油适量

调理功效

　　本品食材种类多样，营养较为全面、均衡，其中菠菜富含膳食纤维，对产后便秘的新妈妈非常有益。

🍽 做法：

1. 热锅中注入适量食用油，烧至五成热，放入姜片、干贝，爆香。

2. 倒入适量清水，搅拌匀，加入料酒，煮约8分钟至沸腾。

3. 倒入菠菜段，拌匀，待其煮软后，倒入牛奶，煮至沸腾。

4. 倒入蛋清，续煮2分钟，搅拌均匀，盛出煮好的汤，装碗即成。

南瓜麦片粥

原料：

南瓜肉150克，燕麦片80克

调料：

白糖8克

调理功效

　　南瓜和麦片含有丰富的膳食纤维，能促进胃肠蠕动，适合产后便秘的新妈妈食用。此外，此粥还能起到美容养颜的功效。

做法：

1. 将洗净的南瓜肉切开，改切片。

2. 砂锅注水烧开，倒入南瓜片，边煮边碾压，至南瓜肉呈泥状。

3. 倒入燕麦片，拌匀，用中火煮约3分钟，至食材熟透。

4. 加入白糖，搅拌匀，煮至糖分溶化。

5. 关火后盛出煮好的麦片粥，装入碗中即可。

三、产后失眠

自从宝宝出生后，很多新妈妈的睡眠质量就变差了，明明很困，却睡不着，头疼、轻微忧郁、无法入睡等症状相继出现，使新妈妈饱受失眠的困扰。如果持续很长时间，新妈妈就要提高警惕了，只有睡得好，才有足够的精力去照顾好宝宝。

病症解析

很多新妈妈由于没有丰富的带宝宝的经验，难免会手足无措、提心吊胆，感觉身心俱疲，特别劳累，而真的能躺下休息时，却可能遭遇失眠的困扰。

产后新妈妈还没有适应角色的转变，精神处于过度紧张的状态，焦虑无助，难以入睡。总担心自己是不是忘记做什么了，让大脑处于兴奋状态，再加上激素分泌的改变，使得新妈妈经常出现因头痛无法入睡或半夜起来喂宝宝而引发失眠的现象，这些都是新妈妈出现产后失眠的诱因。如不及时调理，会给新妈妈的身体造成极大伤害。

日常护理

产后失眠可通过改变不良饮食习惯和调整心理状态，从而减轻症状。在出现失眠症状之初，就应该制订调养计划，慢慢提高睡眠质量。

①睡前放松心情。新妈妈睡前可以泡泡脚、听听舒缓的音乐或看看书以便放松身心，将白天的烦恼暂时放在一边，这样有利于改善睡眠质量。

②改变不良饮食习惯。一般来说，新妈妈吃晚饭不宜过饱，睡前2小时不宜进食，用温牛奶或蜂蜜水代替茶、咖啡等含有咖啡因的饮料可促进睡眠。

③午睡时间不宜过长。新妈妈每天要保证8~9小时的睡眠时间，午睡时间过长可能会导致晚上入睡困难，有失眠症状的新妈妈应缩短午睡的时间，且午睡的时间不宜太晚。

调理食谱推荐

菊花粥

原料：

大米200克，菊花7克

调理功效

　　菊花具有柔和的舒眠作用，适量食用菊花粥可帮助产后失眠的新妈妈凝神静气，改善睡眠质量。

做法：

1. 砂锅中注入水，用大火烧热，倒入洗净的大米，搅匀。

2. 加盖，烧开后转小火煮40分钟。

3. 揭开锅盖，倒入备好的菊花，略煮一会儿，搅拌均匀。

4. 关火后将煮好的粥盛出，装碗即可。

草莓牛奶燕麦粥

🥣 原料：

燕麦130克，草莓25克，牛奶50毫升

调理功效

　　牛奶中含有色氨酸，能促进人体大脑神经细胞分泌出5-羟色胺，它是一种使人昏昏欲睡的神经递质，因此本品可改善产后失眠的症状。

🍲 做法：

1. 备好的草莓切块，待用。

2. 砂锅中注入清水烧开，倒入燕麦搅散。

3. 盖上盖，烧开后转小火煮约30分钟，至燕麦熟透。

4. 揭盖，快速搅动几下，放入牛奶，拌匀，煮出奶香味。

5. 倒入切好的草莓，搅散，拌匀。

6. 关火后盛出煮好的粥，装在碗中即可。

红枣蜂蜜柚子茶

原料：

柚子皮90克，柚子肉110克，红枣适量

调料：

蜂蜜30克，冰糖80克，盐少许

做法：

1. 柚子皮切丝，装碗，撒上盐，搅拌匀，腌渍30分钟。

2. 将腌渍出的汁水倒掉。

3. 砂锅底部铺上一层柚子皮丝、柚子肉、红枣、冰糖。

4. 注水至没过食材，盖上盖，大火煮开后转小火煮15分钟。

5. 掀开锅盖，将煮好的柚子茶盛入碗中，倒入蜂蜜，拌匀即可。

调理功效

蜂蜜有补中益气、安五脏、和百药的功效，产后失眠的新妈妈，可以常喝红枣蜂蜜柚子茶。

四、产后乳腺炎

月子期，是产后乳腺炎的高发期，特别是对于初产妇来说，第一次面对难免有些手足无措。并且，急性乳腺炎的症状也因人而异，掌握了正确的方法是可以帮助新妈妈们有效预防和处理的。

病症解析

对于初次哺乳的新妈妈来说，患上乳腺炎，不仅自己被乳腺疼痛所折磨，严重的甚至会化脓、发热、全身不适，还会影响宝宝吃奶。因此，弄清乳腺炎的病因并积极预防，就显得很有必要。

产后发生乳腺炎的原因主要有两个，一是新妈妈的乳头、乳晕的皮肤薄，容易发生乳头破损而引起细菌感染。二是由于乳汁淤积，为细菌的生长繁殖提供了机会。如果新妈妈的乳头内陷、乳头扁平或乳头太小，乳汁淤积的危险性就会提高，新妈妈应注意观察，发现有异常时及早矫正。

日常护理

产后乳腺炎不仅会妨碍母乳喂养，还会影响新妈妈的身体健康。新妈妈在产后应积极做好乳房的护理和身体的调养，防治乳腺炎。

①做好乳头的清洁和护理。新妈妈在每次哺乳前、后，应用温开水将乳头、乳晕擦洗干净，保持皮肤干爽、卫生；当乳头有皲裂时，可以擦点儿橄榄油。

②穿戴合适的胸罩。哺乳的新妈妈可以选择专用的哺乳胸罩，纯棉布料、透气性和吸汗性良好，避免戴有钢托的胸罩，以免挤压乳腺管，造成局部乳汁淤积。

③正确哺乳。在哺乳时，应采取坐式或半坐式，让宝宝将乳头和整个乳晕一起含入口中，左右两侧的乳房要平均分配喂奶量。防止宝宝含着乳头睡觉，因为会增加新妈妈乳腺炎的感染概率。

清炒红薯叶

原料：

红薯叶350克

调料：

盐、鸡粉、食用油各适量

调理功效

红薯叶的营养丰富，拿来清炒，对产后乳腺炎有很好的食疗作用。产后新妈妈经常食用，还能预防便秘、保护视力、延缓衰老。

做法：

1. 从洗净的红薯藤上摘下红薯叶。

2. 炒锅注入适量食用油，烧热。

3. 放入红薯叶，翻炒均匀。

4. 加盐、鸡粉，翻炒至入味。

5. 淋上少许熟油炒匀。

6. 盛入盘中即成。

玉竹炒藕片

🌱 原料：

莲藕270克，胡萝卜80克，玉竹10克，姜丝、葱丝各少许

🥄 调料：

盐、鸡粉各2克，水淀粉、食用油各适量

调理功效

　　莲藕搭配玉竹，滋阴消炎，适合产后乳腺炎患者食用。

🍵 做法：

1. 洗净的玉竹切细丝，洗好去皮的胡萝卜切细丝，洗净去皮的莲藕切片。

2. 锅中注入适量清水烧开，倒入藕片，拌匀，煮至断生，捞出沥干，待用。

3. 用油起锅，倒入姜丝、葱丝，爆香。

4. 放入玉竹、胡萝卜、藕片，炒匀。

5. 加入盐和鸡粉，倒入适量水淀粉，炒匀调味。

6. 关火后盛出炒好的菜肴即可。

丝瓜炒山药

🍴 原料：

丝瓜120克，山药100克，枸杞10克，蒜末、葱段各少许

🥄 调料：

盐3克，鸡粉2克，水淀粉5毫升，食用油适量

😊 做法：

1. 将洗净的丝瓜对半切开，切成小块；洗好去皮的山药切成片。

2. 锅中注水烧开，加入食用油、盐、山药片，搅匀，撒上洗净的枸杞，略煮片刻。

3. 倒入丝瓜，煮约半分钟，至断生后捞出。

4. 用油起锅，放入蒜末、葱段，爆香，倒入焯过水的食材，翻炒匀。

5. 加入鸡粉、盐、水淀粉，快速炒匀，至食材熟透，盛出即可。

调理功效

　　山药和丝瓜都是清热解毒的家常食材，两者搭配炒制，口味清淡而富有营养，能减轻新妈妈产后乳腺的炎症。

五、产后尿失禁

有些新妈妈会发现自己偶尔咳嗽、大笑，甚至打个喷嚏时会不受控制地有尿液漏出来，或者每天排尿8次以上，但总感觉尿不净。这些尴尬的产后现象，困扰着新妈妈，但其产生的原因是什么？又该如何护理呢？我们看看专家怎么说。

病症解析

尿失禁的临床表现为腹压增加下不自主地溢尿，常有尿频、尿急和排尿后膀胱区胀满感，轻度尿失禁常发生在咳嗽或打喷嚏时，那新妈妈的产后尿失禁是什么原因造成的呢？

在新妈妈妊娠、分娩的过程中，盆底肌肉、韧带、筋膜等出现松弛，这是尿失禁出现的主要原因。产伤、助产、巨大儿或者羊水过多、产程延长等阴道分娩引起的盆底损伤、会阴撕裂、神经损伤等，也有可能导致新妈妈产后尿失禁现象的出现。

日常护理

产后尿失禁广泛出现在很多新妈妈的身上，并且直接关系到日后的健康，为了避免尴尬，新妈妈不妨从以下几个方面着手，让病情逐渐改善。

①合理饮水。减少水分从而减少尿液。其实，这种做法是错误的。尿量虽然减少但浓度会增加，导致细菌滋生，容易造成尿路感染。因此，水分的适量摄取还是必要的。

②进行骨盆肌肉收缩练习。小便排到一半时，然后终止，会感觉到会阴部收紧，从而控制骨盆底肌肉的收缩，增强盆底肌肉的强度和弹性，减少产后尿失禁的发生。

③做好紧急措施。受尿失禁困扰的新妈妈可以常备卫生护垫和卫生巾，严重的可使用成人纸尿裤。新妈妈要想根本解决这个问题，就要多加锻炼和寻求医生的帮助。

葱白姜汤面

原料：

面条160克，姜丝、葱丝各少许

调料：

盐、鸡粉各2克，食用油适量

调理功效

　　葱含有蛋白质、糖类、叶绿素、胡萝卜素、纤维素等营养成分，搭配姜煮面，能帮助新妈妈增强免疫力，缓解产后尿失禁带来的不适。

做法：

1. 用油起锅，倒入姜丝、葱丝，爆香。

2. 注入适量清水，用大火煮沸。

3. 倒入面条，拌匀，煮至熟软。

4. 加入盐、鸡粉，煮至入味。

5. 关火后盛出煮好的面条即可。

枣仁鲜百合汤

🍲 原料：

鲜百合60克，酸枣仁20克

调理功效

　　枣仁具有补脾益肾、收敛固涩的功效，搭配养心安神的百合煮汤，能增强新妈妈膀胱对尿液的控制能力，防治产后尿失禁。

⚙ 做法：

1. 将洗净的酸枣仁切碎，备用。

2. 砂锅中注水烧热，倒入酸枣仁。

3. 盖上盖，用小火煮约30分钟，至其析出有效成分。

4. 揭盖，倒入洗净的百合，搅拌匀。

5. 用中火煮约4分钟，至食材熟透。

6. 关火后盛出煮好的汤料，装入碗中即成。

山药鳝鱼汤

🥗 原料：

鳝鱼120克，山药35克，黄芪、巴戟天、枸杞各10克，姜片少许

🥣 调料：

盐、鸡粉各2克，料酒10毫升

🍲 做法：

1. 处理好的鳝鱼切段。
2. 锅中注水烧开，放入鳝鱼，氽至变色，捞出。
3. 砂锅中注入适量清水烧开，放入备好的姜片、山药、枸杞、药材。
4. 倒入氽过水的鳝鱼段，淋入料酒。
5. 盖上盖，烧开后用小火煮30分钟至熟透。
6. 揭开盖，放入盐、鸡粉，拌匀调味。
7. 关火后把煮好的鳝鱼汤盛出，装入碗中即可。

调理功效

山药含有蛋白质、糖类、维生素、脂肪、胆碱、淀粉酶等成分，能起到养血安神、益肾固精的功效，适合产后尿失禁的新妈妈食用。

六、产褥感染

经过了分娩，新妈妈的身体变得很虚弱，这时细菌侵入身体的机会也会增多，产褥感染的发生概率会大大提高，对新妈妈的身体造成伤害，所以要及早发现及早治疗，了解具体的病症原因和护理方法是很有必要的。

病症解析

产褥感染，是不容小觑的产后病症之一。常发生在产后1～10天，一般的病症表现有新妈妈体温持续在38℃以上，如不及时治疗，还可能会诱发子宫腔内感染、阴道感染等并发症，必须引起重视。

产褥感染是由于致病细菌进入产道而引起的感染，这是新妈妈在产褥期易患的比较严重的疾病。根据感染发生的部位，产褥感染分为急性外阴、阴道、宫颈炎，急性盆腔腹膜炎、弥漫性腹膜炎，剖宫产腹部切口、子宫切口感染，急性子宫内膜炎、子宫肌炎，急性盆腔结缔组织炎、急性输卵管炎，血栓性静脉炎，脓毒血症及败血症等，它对新妈妈的健康危害较大，要加以重视。

日常护理

加强产褥期的观察及护理，做好产褥期的相关保健，能有效减少产褥感染的发生，促进新妈妈身心健康的恢复及宝宝良好的生长发育。

①注意营养。产后营养要均衡合理，新妈妈除了肉、蛋类食物，新鲜的蔬果也要多吃。这样可以摄入充足的营养，提高身体抵抗力。此外，新妈妈还要多喝水。

②注意卫生。新妈妈要选择正规医院生产，可保证产房及接生用具的卫生；要保证会阴部的卫生，勤换卫生用品，每次大小便后用温水冲洗会阴部；还要避免月子期的性生活。

调理食谱推荐

土豆黄瓜饼

🍴 原料：

土豆250克，黄瓜200克，小麦面粉150克

⚫ 调料：

生抽5毫升，盐、鸡粉、食用油各适量

调理功效

　　土豆含有维生素C、B族维生素、铁等营养成分，搭配黄瓜制成饼，清热易消化，可帮助产褥感染的新妈妈缓解病症。

🍽 做法：

1. 洗净去皮的土豆切丝，洗净的黄瓜切丝。

2. 取一碗，倒入面粉、黄瓜丝、土豆丝。

3. 注入适量清水，拌匀，制成面糊。

4. 加入生抽、盐、鸡粉，搅匀调味。

5. 热锅注油烧热，倒入制好的面糊。

6. 烙制面饼，煎出焦香，翻面，将面饼煎至熟透，两面呈现金黄色。

7. 将饼盛出放凉，切成三角状，装入备好的盘中即可。

猪血豆腐青菜汤

原料：

猪血300克，豆腐270克，
生菜30克，虾皮、姜片、
葱花各少许

调料：

盐、鸡粉各2克，胡椒粉、
食用油各适量

做法：

1. 豆腐切成条，改切成小
   方块；猪血切成条状，
   改切成小块，备用。

2. 锅中注水烧开，倒入虾
   皮、姜片、豆腐、猪
   血，加入盐、鸡粉。

3. 搅拌均匀，盖上锅盖，
   用大火煮2分钟。

4. 揭开锅盖，淋入食用
   油，放入洗净的生菜，
   撒入适量胡椒粉，拌至
   入味。

5. 关火后盛出煮好的汤
   料，装入碗中，撒上葱
   花即可。

调理功效

本品口味清淡，营养好吸收，适合月子期
的新妈妈食用。患有产褥感染的新妈妈食用本
品，还能减少发热、便秘等产褥感染并发症。

小米双麦粥

🌾 原料：

小米70克，荞麦80克，燕麦40克

调理功效

产褥感染期间，新妈妈宜坚持清淡饮食，吃点儿流食能减轻肠胃的负担，用小米和燕麦、荞麦煮粥，能增强新妈妈的体质，对身体的恢复有利。

🍲 做法：

1. 砂锅中注水烧开，倒入泡好的小米。
2. 加入荞麦、燕麦，拌匀。
3. 盖上盖，用大火煮开后转小火续煮30分钟至食材熟软。
4. 揭盖，搅拌一下。
5. 关火后盛出煮好的粥，装碗即可。

七、产后贫血

身体变得尤为虚弱并且出现面色苍白、全身乏力、食欲不振，这些都是贫血常见的表现症状。产后贫血会给新妈妈的健康带来极大的损害。那么，产后贫血是由哪些因素造成的呢？应如何调理呢？

病症解析

从孕期到生产，为了宝宝的健康发育和平安降生，妈妈的付出功不可没。这也让很多新妈妈在产后出现贫血的症状，感觉乏力、疲惫，没有食欲，一般造成新妈妈产后贫血的"祸源"有两方面。

一种是新妈妈在孕期就已经出现贫血症状，且没有得到改善，因而会在产后出现不同程度的贫血加重；还有一种是孕期各项血液指标正常，但由于分娩时出血过多造成的产后贫血。不管何种原因引起的贫血，对新妈妈和宝宝的健康都不利，都应该引起足够的重视。

日常护理

贫血会降低新妈妈的身体抵抗力，减缓身体恢复的速度，使乳汁营养不足，无法满足宝宝的生长需要，这对新妈妈和宝宝均可造成不良影响。因此要做好新妈妈的日常照护工作，缓解产后贫血。

①摄取有补血功效的食物。除了吃含铁元素丰富的食物外，新妈妈的饮食一定要均衡，因为补血需要多种营养素，如蛋白质、钙、维生素C、叶酸等。

②家人要照顾新妈妈。因为贫血可能使新妈妈眩晕而跌倒或感到不适。家人应该在饮食和生活方面给新妈妈提供更多细心照护，让她的身体能尽快恢复。

③严重者可输血。新妈妈如果出血过多，应经过医生的检查后，根据情况的严重程度让新妈妈接受输血，以补充体内流失的血液。

调理食谱推荐

桂圆养血汤

原料：

桂圆肉30克，鸡蛋1个

调料：

红糖35克

调理功效

　　桂圆富含葡萄糖、蔗糖和蛋白质等物质，含铁量也比较高，可在提高热能、补充营养的同时促进血红蛋白再生，从而达到补血的效果。

做法：

1. 将鸡蛋打入碗中，搅散。

2. 砂锅注水烧开，倒入桂圆肉，盖上盖，用小火煮至桂圆肉熟。

3. 揭盖，加入红糖、鸡蛋，边倒边搅拌，续煮约1分钟，至汤入味。

4. 关火后盛出煮好的汤，装在碗中即可。

银耳猪肝汤

🥣 原料：

水发银耳、小白菜各20克，猪肝50克，葱段、姜片各少许

🥄 调料：

盐少许，生粉2克，老抽3毫升，食用油适量

调理功效

　　银耳有强精补肾、润肠益胃、美容养颜之功效，新妈妈食用还可改善产后贫血的症状。

🍲 做法：

1. 锅中注入适量食用油烧热，放入姜片、葱段，爆香。

2. 锅中注入适量清水烧开，放入洗净切碎的银耳，拌匀。

3. 倒入用盐、生粉、老抽腌渍过的猪肝，用中火煮约10分钟至熟。

4. 放入洗净切好的小白菜，煮至变软。

5. 加少许盐调味，拌煮片刻至入味。

6. 关火后盛出煮好的汤，装入碗中即可。

猪肝米丸子

🍳 原料：

猪肝140克，米饭200克，水发香菇45克，洋葱30克，胡萝卜40克，蛋液50克，面包糠适量

🥄 调料：

盐、鸡粉各2克，食用油适量

🍲 做法：

1. 蒸锅上火烧开，放入猪肝，蒸熟后取出。

2. 洗净去皮的胡萝卜切丁，洗好的香菇切块，洗净的洋葱切成碎末。

3. 将放凉的猪肝切成末。

4. 用油起锅，倒入胡萝卜丁、香菇块、洋葱末、猪肝末、盐、鸡粉、米饭，炒至米饭松散。

5. 关火后盛出食材，放凉后制成数个丸子，滚上蛋液、面包糠，制成米丸子生坯，用油炸至金黄色即可。

调理功效

　　本品可促进新妈妈的营养吸收和乳汁分泌、改善缺铁性贫血，还可增强免疫力、改善体质、使新妈妈的身体尽快恢复。

八、产后腹痛

女性经历了十月怀胎的艰辛和分娩的疼痛之后，产后仍然会有这样那样的不适。产后腹痛就是常见的产后病症之一，新妈妈应该了解哪些相关知识？又该如何照顾自己呢？下面一起来了解一下吧！

病症解析

有些新妈妈的产后腹痛会自行消失，有些则会持续几天。其实，产后腹痛的发生与产后子宫恢复和新妈妈的身体状况密切相关。新妈妈要了解引起腹痛的原因，并采取恰当的方法来缓解身体不适。

新妈妈在产褥期内，发生与分娩或产褥有关的小腹疼痛，称为产后腹痛。新妈妈发生产后腹痛的主要原因是气血运行不畅，中医讲不荣则痛或不通则痛。子宫由孕期的胀满状态到分娩后的排空状态，气血变化急剧。这时，身体较为虚弱或失血过多的新妈妈常会出现产后腹痛，气血两虚和瘀滞子宫是常见的病因，同时还要警惕其他妇科疾病引起的腹痛，以免耽误病情。

日常护理

对于身体虚弱引起的腹痛，可通过饮食调理起到较好的缓解作用；坐月子过程中不注意调养造成的腹痛，需要通过加强对身体的护理来治疗。

①热敷、按摩腹部。发生腹痛时，可以用热毛巾或暖水袋热敷于疼痛处，能有效缓解症状。也可以将手搓热后按摩下腹部，这些方法有利于促进子宫收缩和排出恶露，但需注意热敷和按摩应在产后第二天以后再进行。

②经常变换体位。长时间保持一种姿势，容易使新妈妈盆腔内瘀血，可能引发盆腔炎。应不时调整姿势，睡觉时多翻身，并适当地锻炼，帮助气血流动，以防体内气血瘀滞。

调理食谱推荐

清汤羊肉

🍖 原料：

羊排肉480克，葱段10克，香菜碎5克，生姜片20克

🥄 调料：

盐、胡椒粉各3克，料酒3毫升

调理功效

羊肉能改善新妈妈体质虚寒、缓解腹痛，冬天吃羊肉还可以促进人体的血液循环。

◎ 做法：

1. 热锅注水煮沸，放入羊排肉，氽去血水，捞到盘中，备用。

2. 热锅注水煮沸，放入姜片、葱段、料酒、盐，搅匀。

3. 放入羊排肉，煮沸，转小火，搅动一会儿，加盖煮1小时，捞出。

4. 将羊排的骨和肉分离，取出骨头，待用。

5. 将羊骨放入汤中，加盖，小火煮30分钟。

6. 揭盖，放入胡椒粉，关火，将菜肴盛至装羊肉的碗中，撒上香菜碎即可。

烤苹果脆

原料：

苹果250克，柠檬汁20毫升

调理功效

苹果具有润肺润胃的作用，可促进食欲、改善肠胃功能，放入烤箱加热过的苹果，还可减轻腹部受寒引起的疼痛。

做法：

1. 苹果对半切开，去核，切薄片。

2. 将柠檬汁倒入盛有凉开水的碗中，搅拌均匀，再放入切好的苹果片，浸泡15分钟。

3. 将浸泡好的苹果片放在备好的烤盘上。

4. 将烤盘放入烤箱中，温度设置为120℃，调上、下火加热，烤大约2小时。

5. 打开烤箱，将烤盘取出，将苹果肉放入备好的盘中即可。

红薯生姜红糖水

原料：

红薯30克，生姜、红枣各10克

调料：

红糖适量

调理功效

　　红糖和生姜都是祛寒的良好食材，两者搭配红薯一起食用，可改善因产后受寒所致的腹痛，还能缓解产后便秘等不适。

做法：

1. 将洗净的生姜切成片，洗净的红枣去核，装碗备用。

2. 将备好的红薯洗净，切块，待用。

3. 将生姜片、红枣一同放入锅中，加入适量清水。

4. 放入红糖，加入切好的红薯块，搅拌匀。

5. 煮30分钟，拌匀，盛出即可。

九、产后多汗

生产后就进入为期42天的月子期，这段期间新妈妈需要好好休养。在此期间，不少新妈妈发现自己出汗量明显增多，为此担心是不是身体出了问题。那么，产后出汗的原因是什么？新妈妈应该怎么治疗和护理呢？

病症解析

在产后，新妈妈出汗量增多是一种很寻常的情况。产后身体的恢复时间和每位妈妈的体质有关，体质好的恢复得比较快，一到两周就可恢复正常，身体虚弱者恢复的时间会相应延长。产后多汗的具体原因是什么呢？

怀孕期间，孕妈妈体内的血容量增加，使得大量的水分潴留在体内。产后，新妈妈的新陈代谢逐渐恢复正常，不再需要过多的血容量，体内的水分就要通过尿液和汗液排出体外，以使产后身体功能得到恢复。因此，产后2周内，新妈妈经常有大量出汗的情况出现，一般分为产后褥汗、产后自汗、产后盗汗三种类型。如果产后长时间大量出汗，新妈妈就要警惕是病理性的产后出汗了。

日常护理

如果新妈妈出汗过多，且长时间不止，可能是身体太过虚弱造成的，需要积极治疗和加强营养，但在此期间也要避免其他疾病的发生。

①勤换衣服。新妈妈在出汗后，全身毛孔张开，易受风寒，要勤洗澡或用温水将皮肤上的汗液擦拭干，并及时更换衣服，衣服的厚度要适中。

②加强营养补充。新妈妈应多休息，避免劳累，并加强营养补充，也可在医生的指导下，采用服药膳的方法调理身体和补气血。

③保持室内通风。室内空气不流通及产后多汗，容易增加室内空气中的细菌，使新妈妈和宝宝患上疾病，所以出汗多的新妈妈一定要适时开门窗通风透气。

调理食谱推荐

山药杏仁糊

🍴 原料：

山药180克，小米饭170克，杏仁30克

⚫ 调料：

白醋少许

调理功效

　　山药是健脾补肺、益胃补肾、滋阴的药食两用型食材，可用于弥补新妈妈产后出汗流失的津液。

🍲 做法：

1. 将去皮洗净的山药切丁。

2. 锅中注水烧开，倒入山药、白醋，拌匀，煮熟，捞出装盘。

3. 取榨汁机，选搅拌刀座组合，把山药倒入榨汁机杯中。

4. 加入小米饭、杏仁，倒入清水，盖上盖，选择"搅拌"功能，榨成糊。

5. 把山药杏仁糊倒入汤锅中，拌匀。

6. 用小火煮约1分钟，盛入碗中即可。

191

瘦肉笋片鹌鹑蛋汤

原料：

包菜60克，鹌鹑蛋40克，香菇15克，猪里脊肉80克，去皮冬笋、大葱、去皮胡萝卜各20克

调料：

水淀粉10毫升，盐、白胡椒粉各3克，生抽、芝麻油各5毫升

做法：

1. 洗净的大葱切圈，冬笋切片，包菜切段，胡萝卜切丁，香菇切块。

2. 洗净的猪里脊肉切片装碗，加入盐、白胡椒粉、水淀粉，腌渍5分钟。

3. 锅中注水烧开，倒入胡萝卜、香菇、冬笋、鹌鹑蛋、大葱，煮沸。

4. 倒入包菜、猪里脊肉，煮至里脊肉转色。

5. 加入盐、白胡椒粉、生抽、芝麻油，拌匀盛出即可。

调理功效

鹌鹑蛋中含有蛋白质、B族维生素、维生素A等营养成分，能补益气血，缓解气血亏虚、卫外不固而致的产后多汗。

当归羊肉羹

原料：

羊肉300克，当归10克，黄芪、党参各9克，姜末、葱花各少许

调料：

盐3克，鸡粉2克，胡椒粉少许，生抽5毫升，料酒6毫升，鸡汁、水淀粉、芝麻油各适量

做法：

1. 羊肉剁成末，装碗。

2. 砂锅注水烧热，倒入洗净的当归、黄芪、党参，加盖，煮沸后用小火煮约15分钟。

3. 揭盖，捞出药材，倒入羊肉末、姜末、料酒、盐，拌匀煮沸。

4. 加入鸡汁、鸡粉、胡椒粉，转大火煮至食材熟软，用水淀粉勾芡。

5. 淋入生抽、芝麻油，煮至入味，盛出，撒上葱花即成。

调理功效

当归与羊肉搭配，能补气、补血、强身，适用于新妈妈产后体虚、营养不良、多汗肢冷、贫血低热等症。

193

十、产后抑郁

经历了漫长而小心翼翼的妊娠期及痛苦的分娩过程，准妈妈终于晋升为新妈妈了。身体发生改变的同时，心理世界也要做出改变，如何做好产后情绪调整，远离产后抑郁，对新妈妈来说还是很具有挑战性的。

病症解析

传统意义上的坐月子大多专注于新妈妈的身体恢复，常常忽略了她们的心理健康。很多新妈妈会在月子期出现悲伤、忧郁、痛苦或暴躁等不良情绪，不仅自己备受折磨，对宝宝的照顾也会大打折扣，如果任由不良情绪发展下去，抑郁症、焦虑症等心理疾病就会随之而来了。

很多新妈妈都会出现产后抑郁，尤其是心智还未成熟、没有做好当"妈妈"的心理准备、爱发脾气生闷气、夫妻感情不好或者常常为生活琐事操心的新妈妈，更容易患上产后抑郁。新妈妈从怀孕到生产，体内激素变化剧烈，如雌激素与孕激素会在孕晚期增加，而产后会急剧下降，这也是造成新妈妈产后抑郁的原因之一。突然的角色转换、宝宝的哭闹、家人关注度的转移等原因，也会让新妈妈产生产后抑郁。

日常护理

当新妈妈被产后抑郁症困扰时，既需要自己努力赶走产后抑郁，也需要家中成员给予更多的关注和爱护。

①注意自我的心理调适。在有了宝宝以后，新妈妈的价值观会有所改变。抱着坦然的态度接受这一切，有益于帮助新妈妈摆脱消极情绪。

②适度增加运动。新妈妈可以带着快乐的心情做适量家务和进行体育锻炼。这些能够转移注意力，使新妈妈不再将注意力集中在宝宝或者烦心的事情上。

调理食谱推荐

核桃虾仁汤

🍴 **原料：**

虾仁95克，核桃仁80克，姜片少许

🥄 **调料：**

盐、鸡粉各2克，白胡椒粉3克，料酒5毫升，食用油适量

调理功效

　　核桃中富含ω-3脂肪酸，新妈妈食用，能强化脑血管弹性和促进神经细胞的活力，增强大脑的生理功能，缓解产后抑郁。

🍽 **做法：**

1. 深锅置于火上，注入适量食用油，放入姜片，爆香。

2. 倒入虾仁，淋入料酒，炒香，注入适量清水，加盖，煮约2分钟至沸腾。

3. 放入核桃仁，加入盐、鸡粉、白胡椒粉，拌匀，煮约2分钟至沸腾。

4. 关火后盛出煮好的汤，装入碗中即可。

玫瑰玉米甜糯粥

🌾 原料：

水发糯米、玉米粒各30克，水发玫瑰花5克

🥣 调料：

冰糖适量

调理功效

口感软糯、香甜的糯米粥，是防治产后情绪不佳的好帮手。其中的玫瑰花还能美容养颜，非常适合产后抑郁的新妈妈食用。

🍲 做法：

1. 备好焖烧罐，放入糯米、玉米粒，加入玫瑰花，注入开水至八分满。

2. 盖上盖子，摇晃片刻，预热1分钟，待预热好揭开盖，将水沥干。

3. 放入冰糖，倒入开水至八分满。

4. 盖上盖子，摇晃均匀，闷3小时，待时间到揭开盖，将闷好的粥盛入碗中即可。